HISTOIRE NATURELLE

DES

POISSONS DE LA FRANCE

PAR

LE Dr ÉMILE MOREAU

SUPPLÉMENT

Avec 7 figures dans le texte.

PARIS

G. MASSON, ÉDITEUR

LIBRAIRE DE L'ACADÉMIE DE MÉDECINE

120, Boulevard Saint-Germain, en face de l'École de Médecine

MDCCCLXXXV

HISTOIRE NATURELLE

DES

POISSONS DE LA FRANCE

5750-90. — Corbeil. Imprimerie Crété.

HISTOIRE NATURELLE

DES

POISSONS DE LA FRANCE

PAR

LE DR ÉMILE MOREAU

SUPPLÉMENT

Avec 7 figures dans le texte.

PARIS

G. MASSON, ÉDITEUR

LIBRAIRE DE L'ACADÉMIE DE MÉDECINE

120, Boulevard Saint-Germain, en face de l'École de Médecine

MDCCCLXXXXI

SUPPLÉMENT

A

L'HISTOIRE NATURELLE DES POISSONS

DE LA FRANCE

Dans le premier volume de notre travail sur les Poissons de la France, nous écrivions, p. 335 : Nous ne voulons pas terminer l'histoire des Requins sans rappeler qu'une troisième espèce a été signalée dans les mers d'Europe, au moins dans la Méditerrannée, c'est le Requin de Milbert, *Carcharias Milberti*, Valenciennes, le *Squalus plumbeus*, Nardo. Ce Squale a été pris sur différents points des côtes d'Italie. — Nous supposions alors que ce Plagiostome, qui de l'Atlantique pénètre dans la Méditerranée, serait probablement un jour ou l'autre capturé sur notre littoral. Nos prévisions se sont réalisées ; depuis quelques années, plusieurs spécimens de cette espèce ont été pêchés à Nice, à Cette et peut-être aussi dans d'autres localités. Ce n'est pas le seul représentant du sous-ordre des Squales que nous ayons à citer, nous avons encore à rappeler le *Centroscymnus cœlolepis* qu'ont fait connaître deux naturalistes portugais, Barboza du Bocage et de Brito Capello. Dans le sous-ordre des Raies, nous avons à compter plusieurs Pastenagues et la Ptéroplatée altavelle, *Pteroplatea altavela ;* deux sujets de ce type curieux sont tombés entre les mains de nos pêcheurs, l'un à Nice, en novembre 1886, l'autre, cinq mois plus tard, à Cette. Chez les Chorignathes, qui forment l'ordre le plus important de la section des Poissons osseux, nous aurons à décrire un assez grand nombre d'espèces, quelques-unes même d'entre elles, c'est un devoir pour nous de le reconnaître, avaient échappé à nos investigations. Nous indiquerons parmi les Acanthoptérygiens : *Batrachus didactylus*, *Gobius fallax* (*nov. sp.*, C. Sarato), *Scorpœna ustulata*, *Pristipoma Bennetti*, *Scarus Cretensis*, etc… Les Malacoptérygiens, surtout les Malacoptériens abdominaux, nous donneront une quantité notable de spécimens offrant un réel intérêt à divers points de vue. Cette étude nouvelle servira à compléter notre travail, elle nous fournira en même temps l'occasion de faire quelques rectifications, et de résoudre certaines questions, plus ou moins controversées, qui jusqu'à ces dernières années n'ont pas été sans causer de sérieux embarras aux ichthyologistes.

GENRE REQUIN.

T. I, p. 328.

Ce genre comprend trois espèces :

Longueur de l'espace préoral	d'un tiers au moins plus grande que la largeur de la bouche………………		1. R. BLEU.
	à peu près égale à la largeur de la bouche. Pectorales	étant au moins deux fois plus longues que larges..	2. R. A MUSEAU OBTUS.
		n'étant pas deux fois plus longues que larges……	3. R. DE MILBERT.

LE REQUIN DE MILBERT — *CARCHARIAS MILBERTI*, Val.

Syn. : SMALL BLUE SHARK, Mitchill, *Fish. New-York*, p. 487.
CARCHARIAS MILBERTI, Valenc., *Mss.* dans Müll. et Henl., *Plagiost.*, p. 38, pl. 19, fig. 3, dents; (*Prionodon*) A. Dumér., t. I, p. 360; Günth., t. VIII, p. 363, note

sp. 5 ; Giglioli, *Catal. Pesc. ital.*, p. 111, n° 507 ; Doderlein, *Manuale ittiologico del Mediterraneo, Elasmobranchii*, Palermo, 1881, p. 44 ; Perugia, *Elenco Pesci dell' Adriatico*, Milano, 1881, p. 52.

CARCHARIAS CÆRULEUS, Dekay, *New York Faun. Fish.*, New York, 1842, pl. 61, fig. 200.

LAMNA CAUDATA, Dekay, *ouvr. cit.*, p. 354, pl. 62, fig. 205, anim., et fig. 205ª, tête vue en dessous.

? SQUALUS MILBERTI, CBp., *Cat.*, p. 18, n° 71.

SQUALUS PLUMBEUS, Nardo.

EULAMIA MILBERTI, Gill, *Proc. Acad. natur. Scienc. Philadelphia*, Philadel., 1864, p. 262, et dans *Annals Lyc. natur. History New-York*, New-York, 1862, t. VII, p. 410, *Analyt. Synops. Ord. Squali.*

PRIONODON MILBERTI, Canestr., *Fn. Ital.*, p. 48.

Long. : 0,60 à 3,00 et plus.

Ce Requin a le corps allongé, couvert d'un chagrin très-fin, très-doux, à peine sensible au toucher, surtout chez les jeunes animaux. Les proportions varient suivant la taille des sujets ; chez les individus de moyenne taille, la hauteur du tronc, qui l'emporte un peu sur la largeur, est comprise sept fois et demie à huit fois dans la longueur totale ; il paraît en être autrement chez les petits et les fœtus ; en effet, chez eux, la hauteur du tronc, qui est moindre que l'épaisseur, est contenue une dizaine de fois dans la longueur totale.

En dessus la tête est aplatie, surtout dans la région préorbitaire. Le museau est déprimé, mince, à bord antérieur convexe ; sa largeur, prise vers l'angle externe des narines, est sensiblement égale à l'espace préorbitaire. La bouche est arquée ; chez les adultes, sa longueur, ou la distance qui s'étend de la dent médiane de la mâchoire supérieure à l'un des angles postérieurs, est moindre que sa largeur et moindre aussi que l'espace préorbitaire ; chez les jeunes animaux, sa largeur est à peine différente de la longueur du museau. Il est nécessaire de faire observer que la forme des dents, surtout à la mâchoire supérieure, varie suivant l'âge ; chez les sujets de moyenne taille, la dent médiane est fort peu développée, elle semble à peine dentelée ou même ne paraît nullement dentelée ; chez le spécimen du Muséum, qui mesure 0,610 de longueur, les deux premières dents latérales ont la figure d'un triangle isocèle à base beau-

coup plus courte que la hauteur, elles sont finement dentelées ;
la troisième dent latérale est encore à peu près triangulaire,
mais son bord antérieur, ou interne, est régulièrement oblique,
et son bord postérieur, ou externe, est très-faiblement concave
ou échancré ; elle est légèrement dentelée sur les côtés, elle n'a
pas la pointe dirigée en arrière. Les dents suivantes, qui sont

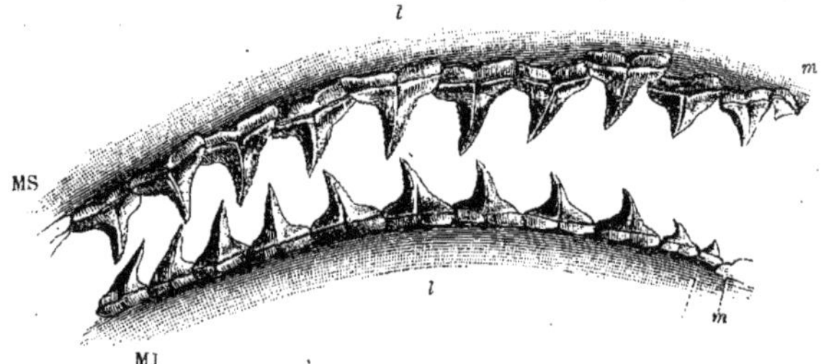

Fig. 221. — *Partie gauche des mâchoires.*

MS, mâchoire supérieure ; *m*, dent médiane ; *l*, 6ᵉ dent latérale. — MI, mâchoire
inférieure ; *m*, dent médiane ; *l*, 6ᵒ dent latérale.

également dentelées, ont le bord antérieur plus ou moins convexe, le bord postérieur concave ou échancré et la pointe rejetée en arrière. Chez les sujets de très-grande taille, ou du
moins sur un de ceux que j'ai pu examiner, la série formée par
les dents médianes n'est pas droite, elle est en zigzag ; la dent
médiane de la première rangée est rapprochée de la première
dent latérale du côté droit ; la dent médiane de la seconde rangée est vers la première dent latérale gauche de la série correspondante, etc. ; de sorte que la dent médiane de la première rangée est vis-à-vis de la dent médiane de la troisième rangée ; la
dent médiane de la deuxième rangée vis-à-vis de celle de la quatrième ; à première vue on pourrait supposer que la vraie dent
médiane manque, et qu'il y a alternativement une dent latérale
de plus sur chaque côté de la mâchoire ; ce qui le ferait encore
mieux penser, c'est qu'à la mandibule, les dents médianes sont
disposées d'une façon très-régulière, les unes à la suite des au-

tres, et que les premières dents latérales sont courtes, absolument comme celles formant la rangée en zigzag de la mâchoire supérieure et qui sont dentelées. A la mandibule les dents de la série médiane sont des espèces de petits crochets, sans apparence de dentelures sur les bords; les dents latérales sont étroites, subulées, elle ont leur pointe insérée sur une large base ; elles sont droites et finement dentelées sur les côtés, elles ont une grande ressemblance avec celles du Requin à museau obtus. Chez les adultes, les dents sont en nombre plus élevé que celui qui est généralement indiqué, il y en a trente et une à chaque mâchoire $15 + 1 + 15 = 31$.

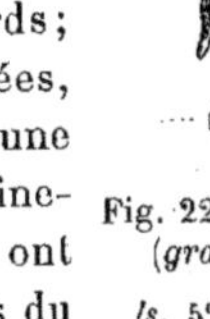

Fig. 222. — *Dents latérales* (*grandeur naturelle*).

ls, 5e dent latérale supérieure ; *li*, 5e dent latérale inférieure.

Quant aux yeux, ils sont ovales, à pupille verticale. Suivant Canestrini, leur diamètre horizontal est égal à la largeur de chacune des narines; mais les proportions varient d'une façon très-sensible : chez les jeunes spécimens, le diamètre de l'œil mesure le double de la largeur des narines et le tiers au moins de l'espace préorbitaire; chez les sujets de moyenne taille, il l'emporte d'un quart sur la largeur de la narine, et fait moins du tiers de l'espace préorbitaire.

Les narines sont en forme de croissant.

L'angle inférieur de la quatrième ouverture branchiale est en quelque sorte sur l'origine de l'insertion de la pectorale.

La première dorsale naît à l'aplomb du bord postérieur ou plutôt à l'aplomb de la fin de l'insertion des pectorales; elle est développée, son bord antérieur est légèrement sinueux, convexe dans sa partie médiane, puis il décrit une courbe qui va s'unir à la ligne du bord postérieur; l'angle supérieur de la nageoire est mousse, faiblement arrondi. Le bord postérieur est sensiblement échancré; il rejoint en bas l'extrémité du bord inférieur en dessinant un angle très-allongé. Le bord inférieur est presque parallèle à la ligne du dos. La hauteur de la première dorsale est égale, ou peu s'en faut, à la largeur de la pectorale, tandis que chez le Requin à museau obtus, elle est généralement plus grande. La seconde dorsale commence, pour ainsi dire, dans le même plan vertical que l'anale; elle a presque la forme d'un trapèze, mais quand sa partie postérieure et inférieure est appliquée sur le tronc, elle paraît tout à fait triangulaire; son angle postérieur est allongé, pointu; son bord supépérieur ou postérieur [est le] plus développé. Par sa forme générale, l'anale ressemble plus à la première dorsale qu'à la seconde; sa base est peut-être plus développée que celle de la seconde dorsale. La caudale est très-longue; elle mesure le quart et plus de la longueur totale, au moins chez les sujets de taille moyenne. Quant aux pectorales, elles ont des proportions bien différentes de celles qu'elles présentent chez le Requin à museau obtus, et j'appelle l'attention sur ce point d'une extrême importance; cette différence dans les proportions des pectorales est peut-être le seul caractère qui permette de sûrement distinguer les jeunes de chacune des deux espèces. Chez le Requin de Milbert, la pectorale est relativement beaucoup plus large que chez le Requin à museau obtus; sa largeur fait presque les cinq septièmes de sa longueur; tandis que chez le Requin à museau obtus, la pectorale est deux fois au moins plus longue que large, elle est nettement falciforme. La ventrale semble montrer des proportions analogues; chez le Requin de Milbert, la longeur du bord antérieur est à peu près égale, chez les jeunes, à la longueur de l'insertion, d'un quart plus grande chez les adultes, tandis que dans le Requin à museau obtus, la longueur du bord antérieur fait le double et plus de la largeur de l'insertion.

Habitat. Méditerranée, Nice, très-rare; Cette, excessivement rare; deux spécimens ont, à ma connaissance, été pêchés à Cette, l'un en 1887, l'autre en 1889.

Je vais d'abord indiquer les proportions du *Carcharias Milberti* qui est dans la collection du Muséum de Paris, puis je donnerai les proportions de deux fœtus, l'un de *C. Milberti*, l'autre de *C. obtusirostris*.

Proportions : type du Muséum, ♂, rapporté de New-York par Milbert et déterminé par Valenciennes.

Long. totale 0,610; tronc, haut. 0,080, épais. 0,070.

Tête, haut. 0.049, larg. 0,070. — Œil, diam. 0,016 ; espace préorbit.0,057, esp. interorbit. 0,066. — Narine, long. 0,012, esp. prénasal interne 0,037, esp. internasal 0,037. — Bouche, long. 0,038, larg. 0,051.

Caudale, long. 0,160 ; pectorale, long. 0,101, larg. 0,070. — Première dorsale, haut. 0,071, long. de la base 0,068.

Distance du bout du museau à : mâchoire supérieure 0,052 ; première branchie 0,123 ; première dorsale 0,181 ; seconde dorsale 0,371 ; anale 0,382 ; pectorale 0,157 ; ventrale 0,305.

Carcharias Milberti, fœtus ♂ ; long, totale 0,410 ; tronc, haut. 0,040, épais. 0,047.

Tête, haut. 0,036, larg. 0,057. — Œil, diam. 0,013, esp. préorbit. 0,035, esp. interorbit. 0,038. — Narine, larg. 0,006, esp. prénasal interne 0,024, esp. internasal, 0,0255. — Bouche, long. 0,035, larg. 0,035.

Caudale, long. 0,120 ; pectorale, long. 0,066, larg. 0,040. — Première dorsale, haut. 0,039, long. de la base 0,036.

Distance du bout du museau à : mâchoire supérieure 0,035 ; première branchie 0,088 ; première dorsale 0,127 ; seconde dorsale 0,247 ; anale 0,244 ; pectorale 0,095 ; ventrale 0,191.

Carcharias obtusirostris, fœtus ♂ ; long. totale 0,420 ; tronc, haut. 0,042, épais. 0,053.

Tête, haut. 0,032, larg. 0,057. — Œil, diam. 0,016, esp. préorbit. 0,042, esp. interorbit. 0,043. — Narine, larg. 0,007, esp. prénasal interne 0,024, esp. internasal, 0,027. — Bouche, long. 0,030, larg. 0,035.

Caudale, long. 0,118 ; pectorale, long. 0,070, larg. 0,033. — Première dorsale, haut. 0,040, long. de la base 0,040.

Distance du bout du museau à : mâchoire supérieure 0,0365 ; première branchie 0,094 ; première dorsale 0,140 ; seconde dorsale 0,277 ; anale 0.260 ; pectorale, 0,108 ; ventrale 0,208.

Famille des Spinacidés.

T. I, p. 341.

MM. Barboza du Bocage et de Brito Capello ont décrit, dans leur travail sur les Plagiostomes, un Squale, inconnu jusqu'alors des naturalistes, pour lequel ils ont créé le genre *Centroscymnus*, qui rentre dans la famille des Spinacidés, et qui se distingue du genre *Centrophorus* par la forme des dents de la mâchoire supérieure. Une simple modification dans le tableau des genres composant la famille des Spinacidés, est suffisante pour assigner la place que doit prendre le genre nouveau.

<table>
<tr><td rowspan="2">Dents à une seule pointe et</td><td>triangulaires............ 3. Centrophore.</td></tr>
<tr><td>subulées, écartées....... 3. Centroscymne.</td></tr>
</table>

GENRE CENTROSCYMNE — *CENTROSCYMNUS*, Boc. et Cap.

Voici les caractères génériques d'après les auteurs cités.

Corps allongé, comprimé, prismatique, triangulaire, couvert de scutelles pédonculées.

Tête aplatie, museau court; bouche peu arquée; dents dissemblables aux mâchoires; celles de la mâchoire supérieure, comme chez les *Scymnus, subuliformes, étroites, à pointe aiguë, écartées entre elles*, et très-légèrement inclinées en dehors; les dents inférieures semblables à celles du genre *Centrophorus, sécuriformes*, à bord libre oblique, à pointe rejetée en dehors.

Évents grands, situés en dessus et en arrière des yeux.

Nageoires; dorsales armées d'aiguillons très-petits, presque entièrement enveloppés par les téguments, sillonnés sur leurs faces latérales.

LE CENTROSCYMNE CÉLOLÉPIS — *CENTROSCYMNUS CŒLOLEPIS*.

Syn. : Centroscymnus cœlolepis, Bocage et Capello, *Ichth. Port. Peix. plagiost. Esqual.*, Lisboa, 1866, p. 30, pl. 2, fig. 3, anim., *a,b*, dents, *c,d,e*, scutel. ; Brit. Capel., *Cat. Peix. Port.*, Extr., *Jorn. Acad. Sc. Lisb.*, 1869, n° VI, p. 14, fig. dents ; Brit. Capel., *Cat. Peix. Port.*, Lisb., 1880, p. 49; Vaillant, *Poiss., Exp. sc. Travail. et Talisman*, Paris, 1888, p. 63, pl. 2, fig. 1, anim., 1ᵃ tête vue en dessus, 1ᵇ tête vue en dessous, 1ᶜ scutel. gross. 15 diam., 1ᵈ dent, mâch. sup. gross., 5 diam., 1ᵉ dent ; mâch. inf., gross., 6 diam.

Centrophorus cœlolepis, Günth., t. VIII, p. 423, et dans *Voyage of Challenger*, t. XXII, *Deep-Sea Fishes*, p. 5.

Long. : 0,80 à 1,20.

Le corps est allongé; suivant le professeur Vaillant, la hauteur du tronc mesure le sixième environ de la longueur totale. La peau est couverte d'un chagrin assez doux, de scutelles présentant certaines différences de forme suivant les régions qu'elles garnissent. Ces scutelles ont été étudiées et figurées par MM. Bocage et Capello, et par M. Vaillant; une scutelle prise isolément peut être comparée à un bouton double, pourvu d'un pédoncule cylindrique portant une plaque externe relativement assez large, à surface plus ou moins déprimée, triangulaire ou pentagonale avec les angles arrondis, la pointe tournée en arrière plus ou moins obtuse. Les squames de la tête sont un peu différentes ; elles ont la face libre parcourue par des arêtes plus ou moins saillantes, venant former des dentelures sur le bord postérieur.

La tête, écrit M. Vaillant, est courte ; le museau obtus, arrondi ; la longueur de celui-ci, ou l'espace préoral, est un peu inférieure à la largeur de la bouche. A la mâchoire supérieure, les dents sont disposées en trois ou quatre rangées ; elles sont aiguës, presque subulées, ressemblant beaucoup à celles du *Scymnus lichia*. A la mandibule, elles sont larges, sécuriformes, pareilles, disent MM. Bocage et Capello, à celles des *Centrophorus;* le bord libre est tranchant, légèrement oblique de dedans en dehors, avec la pointe rejetée en dehors ou en arrière.

Les fentes branchiales sont petites ; la cinquième se termine vers le commencement de la base de la pectorale.

Généralement les nageoires sont assez peu développées. Les dorsales sont étroites, plus hautes que longues ; la première commence en arrière de l'extrémité de la pectorale ; l'épine est courte, n'arrivant guère qu'au deuxième tiers de la hauteur de la nageoire ; le seconde dorsale, très-reculée, est plus en arrière que les ventrales ; son aiguillon est encore moins grand que celui de la première dorsale. Le tronçon de la queue est très-court. La caudale semble avoir le bord postérieur légèrement échancré. Les pectorales sont trapézoïdes. La base des ventrales se termine un peu en avant de l'insertion de la seconde dorsale.

La teinte générale est d'un brun foncé ou plutôt d'un châtain uniforme (Bocag. et Capel.), d'un brun acajou (Vaill.).

Habitat. Méditerranée, excessivement rare ; le premier spécimen reconnu sur nos côtes, a été trouvé sur le marché de Nice, le 23 août 1883, par MM. Gal, frères, qui ont eu l'obligeance de m'en donner une esquisse. C'était une femelle, mesurant 0,59 de longueur, portant cinq fœtus ayant 0,10 environ de taille ; un autre individu avait, suivant MM. Gal, été pris quelques jours auparavant et vendu dépecé par les marchands. Le spécimen, que le professeur Vaillant a eu l'obligeance de mettre à ma disposition, avait été pêché en 1881, à Sétubal, durant l'expédition du *Travailleur;* ce spécimen en peau mesure 0,96 de longueur. La plupart des femelles pêchées à Sétubal, en août, dit M. Vaillant, étaient en état de gestation et portaient chacune de treize à quinze fœtus.

Famille des Trygonidés.

T. I, p. 447.

Cette famille se divise en deux genres :

Queue
- longue, faisant plus des trois quarts de la longueur du disque............................ 1. Pastenague.
- courte, faisant moins de la moitié de la longueur du disque.................................. 2. Ptéroplatée.

GENRE PASTENAGUE ou TRYGON.

Caractères, t. I, p. 447-448.

Le genre Pastenague est composé de quatre espèces.

Queue
- lisse; extrémité antérieure du disque
  - anguleuse; queue faisant
    - plus d'une fois et demie la longueur du disque. 1. P. commune.
    - moins d'une fois et demie la longueur du disque. 2. P. bruccon.
  - tronquée, sinueuse............ 3. P. violette.
- armée de boucles............................ 4. P. bouclée.

LA PASTENAGUE BRUCCON — *TRYGON BRUCCO*, Bp.

Syn. : Trygon brucco, CBp., *Fn. ital.*, fig., *Cat.*, p. 12, n° 8 ; Müll. et Henl., *Plagiost.*, p. 162 ; Vérany, *Zoolog. Alpes-Maritimes*, Nice 1862, p. 33 ; A. Dumér., t. I, p. 602 ; Günth., t. VIII, p. 477 ; Canestr., *Fn. Ital.*, p. 59 ; Giglioli, *Cat. Pesc. ital.*, p. 114, n° 560 ; Doderlein, *Man. ittiol. Mediterraneo*, part. 2, *Elasmobranchii*, p. 224.

Long. : 0,60 à 1,50.

Suivant Canestrini, la Pastenague bruccon acquiert des dimensions qui dépassent celles de la Pastenague ordinaire.

Son disque a la forme d'un rhombe assez régulier. L'angle

externe de la pectorale est un peu moins éloigné de l'angle
postérieur de cette nageoire que de la pointe du museau ; mais
la distance, qui s'étend de l'angle postérieur et interne de la ventrale à l'angle externe de la pectorale, est sensiblement égale à
la distance qui sépare l'angle externe de la pectorale de l'extrémité du museau. Les bords du disque sont légèrement convexes ;
son profil antérieur, sauf la faible proéminence du museau,
dessine une courbe allongée. La queue porte un pli cutané en
dessus et en dessous ; elle a une longueur à peu près double de
celle du disque proprement dit, ou de la pointe du museau à
l'angle postérieur de la pectorale ; c'est une tige à peu près conique, devenant, en arrière de l'aiguillon, de plus en plus grêle,
de plus en plus effilée. La ceinture scapulaire est, ou peu s'en
faut, à la même distance du bout du museau que de l'angle postérieur et interne de la ventrale. La peau est lisse et nue.

De la région occipitale à l'espace préorbitaire, la tête fait une
saillie assez prononcée au-dessus des parties latérales du disque.
Le museau est légèrement proéminent ; son extrémité libre ou
dégagée, qui est très-courte, ne mesure guère que le tiers de
la largeur de sa base sur le contour du disque ; elle est mousse.
La bouche est transversale ; elle est peu fendue. Les dents sont
disposées en séries obliques ; elles ont une grande ressemblance
avec celles de la Pastenague commune, mais elles paraissent un
peu plus oblongues, un peu plus elliptiques, même chez les mâles.

Les yeux sont petits ; leur diamètre est moins grand que celui
des évents.

Relativement les ventrales sont moins longues que chez la
Pastenague commune ; elles semblent continuer le pourtour du
disque. Elles sont trapézoïdes ; le côté externe, qui est à peu
près égal au bord postérieur, est d'un tiers plus grand que le
côté interne ; l'angle interne et postérieur est arrondi. En dessus
le disque est brun verdâtre ou brun cuivré foncé ; en dessous
il est d'un blanc un peu grisâtre.

Habitat. Méditerranée, Nice, très-rare.
Proportions. Elles sont relevées sur un jeune mâle. — Longueur totale

0,81. — Disque, largeur 0,322, longueur ou distance qui sépare le bout du museau de l'angle postérieur de la pectorale 0,272.

Distance du bout du museau : à la bouche 0,060, à l'œil 0,060, à l'ouverture du cloaque 0,238, à la racine de la queue, 0,260.

LA PASTENAGUE BOUCLÉE — *PASTINACA ASPERA*, Bel.

Syn.: Pastinaca aspera (cum Pastinaca marina), Bell., p 94; Willughb., p. 68.
Pastinaca marina, Bellonius, Aspera Pastinaca, Gesn., p. 798, queue figurée comme étant celle d'un Myliobate, de Aquila pisce, p. 89 ; Aldrov., p. 424, Pastinacæ marinæ cauda duobus radiis prædita, aspera aculeataque, fig., p. 427, cauda alia Pastinacæ aut Aquilæ, p. 428, figure copiée de Gesner ; Willughb., pl. D.5, fig. 3, copiée de Colonna.
Pastinaca marina Dioscoridis, Fab. Columnœ Φυτοβάσανος, Florentiæ, 1744..... *Piscium aliquot Plantarumque novarum Historia*, Fabio Columna auctore, p. 105, pl. XXVIII τρύγων θαλασσία, Squatinoria.
La Pastenague de Fabius Columna, Blainv., *Fn. franç.*, p. 37.
? Trygon Aldrovandi, Riss., *Hist. nat.*, p. 160.
Raia Gesneri, Cuv., *Règ. an.*, 2e édit., p. 400, *Règ. an. ill.*, p. 376.
Trygon thalassia, Müll. et Henl., *Plagiost.*, p. 161 et 197 ; CBp., *Cat.*, p. 12, nº 10 ; A. Dumér., t. I, p. 596 ; Günth., t. VIII, p. 477 ; Canestr., *Fn. Ital.*, p. 59 ; Giglioli, *Cat. Pesc. ital.*, p. 114, nº 559 ; Doderlein, *Man. ittiol. Mediter.*, part. II, *Elasmobranchii*, p. 228.

Aspera Pastinaca, tota horret aculeis, atque ad caudam præsertim (quam radicis Pastinacæ longitudinis habet) permultis uncinis in gyrum dispositis scatentem. C'est en ces termes que, suivant sa précision habituelle, s'exprime notre vieux nataraliste ; Belon, avec la sagacité d'un ingénieux observateur, a parfaitement distingué les deux espèces de Pastenague, dont le disque présentant à peu près les mêmes formes, est lisse chez l'une, bouclé chez l'autre, et les a désignées sous des noms tout à fait caractéristiques ; à la première espèce, à l'espèce la plus commune, il a donné l'épithète de *lævis*, que nous regrettons de n'avoir pas conservée ; quant à la seconde espèce, il l'a fait connaître sous la dénomination d'*aspera*, que nous adopterons ou plutôt que nous garderons.

D'après Gesner : *Planus est piscis duplicis quidem notæ, in lævem et asperum distinctus, etsi vetustiores scriptores lævem tantum Pastinacam agnoverint.* Gesn., *loc. cit.*, p. 798.

D'ailleurs, si l'on voulait prendre le nom sous lequel, un siècle après Belon, Fab. Colonna décrivait cette espèce, il faudrait lui donner la dénomination qui est dans le texte. *Pastinaca marina Dioscoridis*, et non celle de *Trygon thalassia*; la figure de la planche 28 est ainsi désignée : τρυγών θαλασσία sur le côté gauche et à droite *squatinoraia*; de plus le terme θαλασσία n'indique aucun caractère différentiel, c'est la traduction du mot latin *marina*.

Enfin Willoughby, ou Ray si l'on veut, met dans deux chapitres différents

la description de la *Pastinaca marina lævis* Bellonii, et celle de la *Pastinaca aspera*, Bellonii; la dernière est copiée de Belon.
Long.: 0,90 à 1,50 et même 2,00.

Quant à sa forme générale, la Pastenague bouclée a beaucoup de ressemblance avec la Pastenague commune. Le disque est rhomboïdal; il a les angles externes mousses ou faiblement aigus et l'angle antérieur légèrement pointu. En dessus, il porte des épines ou plutôt des espèces de boucles à pointe plus ou moins acérée, disposées sans ordre, à l'exception peut-être de celles qui se trouvent vers la ceinture scapulaire. La queue est excessivement développée; elle a une longueur qui mesure une fois et demie environ celle du corps; en dessous elle est garnie d'un repli cutané plus ou moins saillant à son origine; ce repli commence à peu près vers l'aplomb de la racine de l'aiguillon, et se dirige en arrière, perdant graduellement de sa hauteur, puis se change en une espèce de carène qui va se rapetissant jusque vers l'extrémité de la queue. En dessus, la queue est armée d'un ou de deux aiguillons, qui se logent en partie dans une espèce de fossette longitudinale; à l'extrémité postérieure de cette fossette commence un petit repli cutané, qui se termine après un court trajet. Sur le spécimen, qui me vient de Nice, je constate la disposition suivante : en avant de l'aiguillon, la queue porte de chaque côté trois rangées de boucles; de la racine de l'aiguillon à la naissance du pli supérieur il n'y a plus qu'une seule rangée de boucles de chaque côté; puis on en compte deux rangées latérales assez régulières et une petite série médiane sur le dos de la queue, ce qui fait 5 rangées. Le repli cutané inférieur est garni de très-petits écussons. Parfois les boucles se touchent et même sont confluentes. Ces écussons, ces boucliers sont coniques, à base assez large et couverts de stries, présentant un peu l'aspect de la coquille des Patelles.

Le museau est légèrement proéminent, un peu pointu. Sur le spécimen dont il est question, je compte 27 rangées de dents à la mâchoire supérieure et 39 à la mandibule. Les dents affectent des formes différentes suivant la position qu'elles occupent; les dents, qui sont placées près de la symphyse ou dans les rangées médianes, ont la couronne triangulaire; la racine est à deux lobes séparés par une échancrure. Les dents latérales ou externes ont la couronne plus ou moins aplatie, de figure à peu près carrée, avec l'angle postérieur plus ou moins arrondi.

La teinte est brunâtre en dessus, blanchâtre en dessus.

Habitat. Méditerranée, Nice, excessivement rare.

Proportions ; la queue de la Pastenague, capturée à Nice en 1886, mesure 0,740 de longueur, mais elle n'est pas entière; elle a une hauteur de 0,026 avec le repli cutané et de 0,018 sans le repli. — Au Muséum est une queue longue de 1,500; celle que Gesner a figurée mesurait 1,538.

GENRE PTÉROPLATÉE — *PTEROPLATEA*, Müll. et Henl.

Corps : disque à peu près deux fois aussi large que long; queue très-courte, armée d'un ou de plusieurs aiguillons, nue ou à replis cutanés fort peu développés.

Tête non dégagée du disque; bouche presque droite, transversale; mâchoires garnies de petites dents pointues.

Yeux en dessus.

Narines à valvules confluentes.

LA PTÉROPLATÉE ALTAVELLE — *PTEROPLATEA ALTAVELA* Müll. et Henl.

Syn. : Pastinaca marina altera, Πτερυπλατεῖα, Altavela dicta, F. Columna, dans *Aquit. et terr. aliquot Animal. Observat.*, Romæ, 1616, C. II, p. IV, tab. II; Willughb., p. 65., tab. C, fig. 3, copiée de Colonna.

Aquila authoris prion, Aldrov., *de Piscibus*, p. 438, fig.

Raia corpore glabro, aculeis sæpe duobus postice serratis in cauda apterygia, Arted., *Gen.*, p. 527, sp. 4, *Syn.*, p. 100, sp. IV.

Raia pastinaca, B. Raia altavela, Linn., *Syst. nat.*, p. 396, sp. 7.

Raie pastenague altavèle, Bonnat., p. 4; Lacép. (altavelle), t. V, p. 263.

Dasybatis altavilla, Rafin., *Ind. itt. sicil.*, p. 49, n. 372.

La Pastenague à dents aiguës, Blainv., *Fn. franç. Poiss.*, p. 37.

Pteroplotea altavela, Müll. et Henl., *Plagiost.*, p. 168; CBp., *Cat.*, n 6; Bruch, *Appareil génèrat. Sélaciens*, Thèse, Strasbourg, 1860, p. 76, 78, pl. 10, fig. 1, matrice contenant des petits vivants, fig. 2, chevelu vasculaire formé par les villosités utérines, pl. 11, jeunes Ptéroplatées extraites d'un utérus en gestation; A. Dumér., *Hist. nat. Poissons*, t. I, p. 611; Günth., t. VIII, p. 486; Canestr., *Fn. Ital.*, p. 60; Brit. Capel., *Cat. Peix. Portug.*, Lisboa, 1888, p. 53, n. 265; Giglioli, *Cat. Pesc. ital.*, p. 55, n° 563; Doderlein, *Man. itt. mediter.*, Part. II. *Elasmobranchii*, p. 228, Palermo, 1881; Perugia, *Elenco Pesc. Adriatico*, Milano, 1881, p. 59, sp. 243.

TRYGON ALTAVELA, CBp., *Fn. ital.*, fig.
PTÉROPLATÉE CANARIENNE, Ptereroplatea canariensis, Guichen., *Expl. Algér.*, p. 137.

Larg. : 0,50 à 1,40.

Sa singulière conformation fait distinguer facilement la Ptéroplatée des autres Trygonidés. La partie postérieure du tronc semble coupée, de sorte que le disque a deux fois environ plus de largeur que de longueur; il présente la figure d'un rhombe très-irrégulier ou plutôt d'un triangle dont la base serait limitée par une ligne à faible courbure. Les bords antérieurs sont légèrement convexes, ils sont beaucoup plus allongés que les bords postérieurs, auxquels ils viennent se réunir sous un angle assez aigu. La queue porte en dessus et en dessous un petit pli cutané ; elle est armée d'un ou même de deux aiguillons dentelés sur les côtés ; elle est fort courte, sa longueur ne fait pas la moitié de la longueur du disque. La peau est lisse et nue.

La tête est engagé dans le disque ; le museau est très-court, obtus. Les mâchoires sont munies de rangées bien régulières de petites dents qui ne les garnissent pas jusqu'aux angles de la bouche. Les dents sont triangulaires, à pointe assez allongée, mais excessivement fine.

Relativement les yeux sont petits ; leur diamètre ne fait pas ou ne fait qu'à peine le quart de la longueur de l'espace préorbitaire.

L'évent est large ; son diamètre l'emporte d'un tiers et plus sur celui de l'œil. Il n'y a pas de fausse branchie. A l'angle postérieur du spiracule est un tentacule fort distinct, dont parfois la longueur mesure presque la moitié du diamètre de l'évent.

L'angle interne de chacune des narines est séparé de celui du côté opposé par un frein attaché à la mâchoire supérieure, d'une dimension égale à peu près à celle du diamètre de l'œil. Au-devant du frein, la membrane qui forme la valvule nasale est excessivement réduite, elle l'est parfois tellement que les valvules ne semblent pas confluentes. Le bord libre de la valvule est très-finement frangé.

Les ventrales sont assez peu développées, elles ne dépassent pas le pourtour du disque ; elles ont le bord externe d'un quart plus court environ que le bord postérieur, qui paraît légèrement frangé.

Quant au système de coloration, il semble un peu variable; chez un spécimen pêché à Nice, le disque est en dessus d'un gris jaunâtre assez clair, en dessous d'un blanc nuancé de brun; chez un autre individu, capturé à Cette, le ventre est d'un blanc mat teinté de rouge clair, le dos est d'un gris clair marbré de gris plus foncé.

Habitat. Méditerranée, excessivement rare; deux sujets ont été pris, ou du moins signalés, sur nos côtes; le premier a été pêché à Nice, au mois de novembre 1886; le second a été capturé à Cette le 20 avril 1887, les pêcheurs lui ont donné les noms de *Masca* (Papillon de nuit) et de *Choucha bastarda* (Mourine bâtarde); ces animaux sont des femelles. — Par précaution, les pêcheurs de Cette ayant coupé la queue de leur *Masca*, n'ont rapporté qu'un sujet mutilé dont je ne puis indiquer la longueur totale; le disque mesure : largeur 1,050, longueur 0,510. — Le spécimen de Nice est un peu plus développé comme on va pouvoir en juger d'après les proportions suivantes :

Proportions : long. totale 0,820; disque, larg. 1,210, long. 0,610. — Queue, long. 0,242.

Tête, larg. prise vers le bord antérieur des orbites 0,340. — OEil, diam. 0,025. — Évent, larg. 0,038; tentacule de son angle postérieur, long. 0,014. — Bouche, larg. 0,105.

Distance du bout du museau à : bouche 0,098; œil 0,102; évent 0,122; l'angle externe de la pectorale 0,69, son bord postérieur 0,600; bord post. de la ventrale 0,610; la racine de la queue 0,590; la racine du premier aiguillon 0,630, du second 0,650.

TRIBU DES ACANTHOPTÉRYGIENS JUGULAIRES.

T. II, p. 89; Modifier ainsi le tableau, la tribu comprenant une cinquième famille :

Pectorales { pédiculées; 1re dorsale à rayons { antérieurs isolés, sur la tête. 4. Lophiidés. / unis par une membrane. . 5. Batrachidés.

Famille des Batrachidés, Batrachidæ.

Corps large en avant et déprimé, plus ou moins arrondi en arrière de l'anus.

Tête nue, large, déprimée; bouche très-fendue; dents à peu près égales, coniques, sur les mâchoires, le vomer, l'arcade palatine. Appendices cutanés plus ou moins nombreux.

Yeux latéraux; pas de sous-orbitaires.

Appareil branchial; fente des ouïes presque verticale, assez peu étendue, en avant de l'insertion des pectorales; pas de fausse branchie; opercule épineux.

Nageoires; deux dorsales, la première courte, formée de trois épines basses, réunies par une peau assez épaisse; seconde dorsale longue ainsi que l'anale; caudale arrondie; ventrales divisées en deux parties.

GENRE BATRACHOIDE — *BATRACHUS*, Bl. Schn.

Caractères de la famille.

LE BATRACHOIDE DIDACTYLE — *BATRACHUS DIDACTYLUS*.

Syn. : Gadus tau, Bloch, *Ichth.*, part. 2, p. 150, pl. 67, fig. 2; Bonnat., p. 49, pl. 30, fig. 109 (fig. copiée de Bloch).

Batrachus tau, Bl. Schneid., p. 44.

Batrachys didactylus, Bl. Schn., p. 42; Günth., t. III, p. 170; Steindachner, *Ichth. Bericht über eine nach Spanien und Portugal unternommene Reise*, VI. Fortsetzung, p. 69, dans *Sitzungsb. d. k. Ak. d. Wissensch.*, Wien, 1868, t. LVII, pl. 7, squelette de la tête; Brit. Capel., *Cat. Peix. Portug.*, dans *Jorn. Sc. Math.*, Lisb., 1868, et *Cat. Peix. Portug.*, Lisb., 1880, p. 23, n° 106; Giglioli, *Cat. Pesc. ital.*, p. 90, n° 185.

Le Batrachoïde à lunettes, Batrachus conspicillum, Cuv. et Valenc., t. XII, p. 495.

Le Batrachoïde barbu, Batrachus barbatus, Cuv. et Valenc., t. XII, p. 498.

Batrachoïde à front plat, Batrachus planifrons, Guichen., *Expl. Algér. Poiss.*, p. 81, et B. Algeriensis, Atlas, pl. 5, fig. 1, 1ᵃ, 1ᵇ.

Batrachus borealis, Nilss., *Skand. Faun. Fisk.*, t. IV, p. 254 (V. *Prodr. Ichth. Scand.*, p. 99); Kröyer, *Danm. Fisk.*, t. I, p. 473, fig.; CBp., *Cat.*, p. 46, n° 389.

Long. : 0,30 à 0,35

De la ceinture scapulaire à l'anus, le corps montre à peu près une forme prismatique, puis il diminue de largeur, s'arrondit et se continue, jusqu'à la base de la caudale, en tronc de cône allongé, légèrement comprimé sur les côtés. Il est large en avant; sa largeur, dans la région abdominale, l'emporte d'un septième environ sur sa hauteur, qui est comprise six fois à six fois et quart dans la longueur totale. Il est couvert de petites écailles, arrondies à leur bord postérieur, molles, paraissant gaufrées, un peu déprimées dans leur partie centrale, plus ou moins enfoncées dans la peau.

La tête est nue, déprimée, garnie de tentacules assez nombreux; sa longueur, qui est sensiblement égale à sa largeur, est comprise environ trois fois et demie dans la longueur totale. Les joues sont arrondies, saillantes. Le museau est court. La bouche est très-ample; sa fente, qui est horizontale, se prolonge en arrière, plus loin que le bord postérieur de l'orbite; elle est légèrement protractile. L'intermaxillaire est garni d'une bande assez large de dents en velours ou en cardes fines; sa branche montante gagne presque le milieu de l'espace préorbitaire. L'appareil ptérygo-palatin dessine une courbe très-allongée, il vient rejoindre en avant le chevron du vomer, qui est très-large, et former avec lui une arcade garnie d'une bande de dents en velours. Il n'y a pas de dents sur le corps du vomer proprement dit, ou du moins, je n'ai pu en constater l'existence sur le spécimen servant à mon étude. La mandibule est sensiblement plus avancée que la mâchoire supérieure; elle est munie en avant, vers la symphyse, d'une assez large bande de dents en velours, ou plutôt encore en cardes fines, inclinées de dehors en dedans et d'avant en arrière; le dentaire droit porte, jusqu'en arrière, un groupe de dents formé de trois ou quatre séries; quant au dentaire gauche, il paraît, chez le sujet décrit par Guichenot, n'avoir, sur le côté, qu'une série simple de dents, mais, en regardant avec attention, on voit des alvéoles vides et quelques dents placées les unes devant les autres, ce qui démontre qu'il y avait, comme sur l'autre dentaire, plusieurs rangées de dents formant un groupe plus ou moins large. Le plancher de la bouche est uni; il n'y a pas de langue.

Le bord de la mâchoire supérieure est garni d'un large repli membraneux; cette espèce de lèvre se porte en arrière, et va s'unir à la lèvre de la mandibule qui, elle aussi, est bien développée. En avant et de chaque côté, la lèvre inférieure s'attache à la peau qui est adhérente à la partie avancée de la mandibule; dans cette région se trouvent quatre barbillons, dont les trois premiers, les plus rapprochés de la symphyse, sont assez petits, le quatrième est sensiblement plus allongé; de la peau qui revêt le bord inférieur de la mandibule naissent cinq ou six appendices charnus (dans le spécimen que j'étudie il existe cinq barbillons à droite, six à gauche), de chaque côté, il y a donc en somme neuf ou dix barbillons; ces tentacules sont simples, non divisés. En arrière de la commissure des lèvres, se trouve un barbillon fort développé, qui semble être plutôt une dépendance de la lèvre supérieure que de l'inférieure. Vers l'angle inférieur et postérieur de l'articulaire, existe un petit tentacule, à la base duquel arrive la pointe de celui qui est à la commissure des lèvres. En arrière des mâchoires, se montre l'orifice d'une petite cavité.

Les yeux sont placés latéralement vers le profil supérieur de la tête ; ils sont protégés en dessus par un bourrelet de la peau, formant une espèce de sourcil très-épais. Le diamètre de l'œil fait environ le sixième de la longueur de la tête, il mesure, ou peu s'en faut, la moitié de l'espace préorbitaire, le tiers de l'espace interorbitaire. — L'espace interorbitaire est large; il est aplati, d'où le nom spécifique donné à l'animal par Guichenot; il est couvert d'une peau marquée de stries ou de rides; à sa partie antérieure, répondant à l'intervalle qui sépare l'un de l'autre les larges orifices des narines, se trouvent cinq à sept tentacules plus ou moins digités.

Vers le bord antérieur et supérieur de l'orbite est une large fossette nasale; en dedans et de chaque côté, près de la branche ascendante de l'intermaxillaire et sur la même ligne horizontale que les ouvertures nasales, se montre une paire de tentacules profondément divisés; à la base du tentacule postérieur existe une petite ouverture qui semble au premier abord être l'orifice interne de la narine, mais qui est un pore semblable à ceux qui se trouvent sur diverses parties de la tête.

La fente branchiale est presque verticale; elle n'est pas bien grande; elle commence en bas presque vis-à-vis le bord postérieur de l'insertion de la ventrale, et se porte en haut vers le bord supérieur de la base de la pectorale, au devant de laquelle elle se trouve. Les pièces operculaires sont couvertes par la peau; le sous-opercule est assez développé; il porte en arrière un aiguillon caché dans les téguments. L'opercule est bifurqué en arrière, armé de deux épines; l'épine supérieure est un peu plus longue que l'inférieure. Les rayons branchiostèges sont au nombre de six.

La première dorsale est avancée; elle est basse; elle est formée de trois courts aiguillons, réunis par une peau assez épaisse; la pointe des épines dépasse un peu les téguments qui engainent chacune d'elles; le deuxième aiguillon est le plus développé. La seconde dorsale est à peu près égale; elle est composée de vingt et un ou vingt-deux rayons; les rayons antérieurs ont leur extrémité plus dégagée que les rayons postérieurs. L'anale commence plus en arrière que la seconde dorsale, et finit à peu près dans le même plan plan vertical; elle est soutenue par une quinzaine de rayons semblables à ceux de la seconde dorsale, auxquels ils sont opposés. Le tronçon de la queue est carré, légèrement relevé vers la base de la caudale. La caudale est arrondie; elle est développée; elle mesure le cinquième de la longueur totale; elle compte seize à dix-huit rayons. Les pectorales oblongues se déploient en formant un grand éventail; elles sont insérées sur une large base; soutenues par vingt-deux ou vingt-trois rayons. Les ventrales sont partagées en deux parties; une partie antérieure, d'un quart environ plus longue que l'autre, constituée par une membrane épaisse, falciforme, enveloppant complètement le premier rayon, présentant des plis sur son bord antérieur, et terminée par une espèce de filament fort ténu; la seconde partie recouvre des branches divisées en plusieurs rameaux; ces branches appartiennent-elles à un seul et même rayon ou à plusieurs, comme le prétendent certains naturalistes et en particulier Valenciennes? Déjà Schneider, écrit le collaborateur de Cuvier, avait remarqué que la ventrale a trois rayons. — C'est pour ne pas perpétuer l'erreur de Bloch que nous avons changé le nom spécifique du poisson (V. CV., t. XII, p. 499). La dissection est nécessaire pour juger la question. Guichenot compte cinq rayons mous.

Br. 6. — D. 3 — 21 ou 22; A. 15 ou 16; C. 16 à 18; P. 22 ou 23; V. 1/2 à ?

La coloration est d'un brun assez foncé sur le dos, d'un brun roussâtre sur les côtés avec de petites taches noirâtres, d'un blanc gris sous le ventre. Les dorsales, la caudale et les pectorales sont d'un brun jaunâtre avec des taches noirâtres; l'anale est d'un brun jaunâtre assez clair avec des taches brunâtres plus foncées; les ventrales sont grisâtres avec des taches brunes.

Habitat. Méditerranée, accidentellement, Nice.

Proportions : long. totale 0,310; tronc, haut. 0,050, larg. 0,058. Tête, long. 0,089, haut. 0,057, larg. 0,088. — OEil, diam. 0,014, esp. préorbit. 0,030, esp. interorbit. 0,043. — Mâchoire supérieure, long. 0,056. Caudale, long. 0,060; pectorale, long. 0,065; ventrale, long. 0,061. — Première dorsale, haut. 0,015, long. 0,017; seconde dorsale, haut. 0,030, long. 0,100; anale, haut. 0,026, long. 0,100.

GENRE GOBIE.

T. II, p. 192.

Nous avons à faire connaître deux espèces : le Gobie à quatre bandes qui vient après le Gobie ensanglanté, et le Gobie trompeur, qui doit être placé entre le Gobie de Lesueur et le Gobie doré.

LE GOBIE A QUATRE BANDES — *GOBIUS QUADRIVITTATUS*,
Steind.

Syn. : Gobius quadrivittatus, Steindachner, dans *Archiv. Zool. Anat. Fisiol.*, G. Canestr. et G. Doria, Modena, 1863, t. 11, fasc. 2, p. 341; et dans *Ichth. Ber Span. u. Portug. Reise*, Wien, 1868, VI. Forts., p. 49, pl. 2, fig. 3-4, Canestr., *Fn. Ital.*, p, 175: Giglioli, *Cat. Pesc. ital.*, p. 89, n° 166; Perugia, Alb., *Elenco Pesc. Adriat.*, Milano, 1881, p. 24, sp. 96, pl. 4, fig. 1, Anim. vu en dessus, fig. 2, Anim. vu de profil.

Gobius planiceps, Bellotti, *Note ittiolog.*, dans *Atti della Società Ital. di Scienze natur.*, Milano, 1879, t. XXII, *Estratto*, p. 5; Giglioli, *Cat. Pesc. ital.*, p. 89, n° 137.

Long. : 0, 050 à 0,0.

Le corps est allongé, un peu déprimé en avant, comprimé en arrière; sa hauteur est comprise six fois et demie à huit fois dans la longueur totale. La peau est couverte de petites écailles cténoïdes.

En dessus la tête est plate, d'où le nom spécifique de *planiceps* donné à ce Gobie par le Dr Bellotti. Elle est nue, ainsi que la partie médiane de la région supérieure du tronc qui précède la première dorsale. Sa longueur mesure le quart environ de la longueur totale. Le museau est obtus; la bouche est oblique. La mandibule est plus avancée que la mâchoire supérieure; elles sont l'une et l'autre garnies de plusieurs rangées de dents pointues, qui sont plus fortes à la série externe.

Le diamètre de l'œil est à peu près égal à l'espace préorbitaire; il est au moins trois fois plus grand que l'espace interorbitaire. Vers le bord supérieur et postérieur de l'orbite, dans l'espace postorbitaire, et sous l'œil, se voient des séries de pores cerclés de noir.

Il y a une cinquantaine d'écailles dans la ligne longitudinale d'après M. Bellotti, une soixantaine d'après M. Steindachner; le nombre s'en élèverait même à soixante-dix.

Les nageoires du dos sont à peu près de même hauteur; la première dorsale a des épines flexibles; elle est plus ou moins arrondie. La seconde dorsale est rapprochée de l'autre; ses derniers rayons sont généralement plus élevés que les rayons antérieurs. L'anale est sensiblement de même hauteur que les dorsales; elle est sensiblement plus développée en arrière qu'en avant. La caudale est arrondie. Les pectorales sont un peu plus longues que les ventrales; les rayons supérieurs sont crinoïdes; les rayons médians sont plus allongés que les autres, ce qui donne à la nageoire une forme arrondie. Les ventrales se terminent avant l'anus; leur membrane basilaire est développée; elle porte un lobe de chaque côté.

D. 6 — 1/10 ou 11; A. 1/9 ou 10; C. 19; P. 17 à 19; V. 1/5.

La teinte générale est d'un brun clair ou d'un rouge brunâtre, jaunâtre vers le ventre, le tout semé de très-petits points foncés avec un fin pointillé brunâtre; trois ou quatre bandelettes brunâtres partent en rayonnant du bord postérieur de l'orbite. Il y a constamment de chaque côté quatre bandes blanchâtres, d'où l'épithète de *quadrivittatus* donnée à ce Gobie par Steindachner; suivant ce naturaliste, elles sont ainsi disposées: la première bande est derrière l'œil, ayant à peine plus d'étendue que le dia-

mètre de cet organe; la seconde est large, deux fois plus longue
que la première, occupant la partie postérieure de la tête, la partie supérieure de la nuque et se portant vers la base de la pectorale; la troisième est étroite, placée entre les deux dorsales et
allant jusqu'à la ligne latérale; la quatrième est une espèce de
tache étalée sous la base de la seconde dorsale, rapprochée de la
ligne latérale. Les nageoires impaires sont noirâtres; les pectorales sont blanchâtres à leur base, noirâtres dans leur partie
centrale, jaunâtres à leur bord; les ventrales sont jaunâtres.

Habitat. Méditerranée; quelques spécimens de cette espèce ont été
trouvés à Nice; l'un d'eux a été conservé dans le musée de cette ville, m'é-
crit M. le Dr C. Sarato, qui a eu l'obligeance d'en relever les proportions
pour me les communiquer, ce dont je lui suis fort reconnaissant.

Proportions : long. totale 0,057 ; tronc, haut. 0,007.

Tête, long. 0,0144, haut. 0,0055, larg. 0,008. — Œil, diam. 0,003, esp.
préorbit. 0,0025, esp. interorbit. 0,001.

La description est en partie empruntée aux travaux de MM. Steindachner,
Bellotti, et aux notes qu'a bien voulu me communiquer M. C. Sarato.

LE GOBIE TROMPEUR — *GOBIUS FALLAX*, Sarato.

Syn : Gobius fallax, C. Sarato, dans *Gazette de Nice et des Alpes-Maritimes*,
Nice, 1889, avril 21, n° 16.

Long. : 0,060 à 0,075.

Suivant M. Sarato, ce Gobie reste toujours de fort petite taille;
il a le corps assez grêle, à peu près en forme de tronc de cône
aplati sur les côtes; sa hauteur, qui est d'un tiers environ plus
grande que son épaisseur, est comprise six à sept fois dans la
longueur totale. La peau est couverte d'écailles minces, à bord
libre muni de spinules assez courtes, très-fragiles.

La tête est d'un tiers au moins plus longue que haute; sa
longueur est contenue quatre fois à quatre fois et demie dans
la longueur totale. Le museau est obtus. La bouche est ouverte
obliquement; sa fente s'étend à peu près jusqu'à l'aplomb du
bord antérieur de l'orbite. La mandibule est un peu plus avancée que la mâchoire supérieure; elles sont l'une et l'autre garnies de dents aiguës, placées sur plusieurs rangées; celles de la

rangée externe, surtout à la mandibule, semblent de véritables crochets pointus, principalement chez les mâles; chez les femelles, elles sont moins développées. La longueur de la mâchoire supérieure fait un peu plus du tiers de la longuéur de la tête.

Le diamètre de l'œil mesure à peu près le quart de la longueur de la tête, parfois un peu plus, parfois un peu moins; il est un peu plus grand que l'espace préorbitaire.

En haut presque sur la même ligne que l'origine de l'insertion de la pectorale, commence la fente branchiale; elle descend obliquement vers la gorge. Chez les différents spécimens que j'ai examinés, les rayons branchiostèges sont au nombre de cinq.

Il n'y a pas, à proprement parler, de ligne latérale nettement marquée. On compte dans la ligne longitudinale quarante-deux à quarante-quatre écailles et onze à treize dans la ligne transversale. Écail., l. long., 42 à 44; l. transv., 11 à 13.

La première dorsale, qui commence un peu plus en arrière que la base de la pectorale, est composée de six rayons à peu près égaux; la seconde dorsale est unie, elle a généralement, ou peu s'en faut, deux fois plus de longueur que de hauteur; elle compte le plus souvent quinze rayons, rarement quatorze. L'anale prend naissance un peu plus en arrière que la seconde dorsale, tantôt un peu en avant, tantôt un peu en arrière du milieu de la longueur totale; elle est presque toujours formée de quatorze rayons, parfois de treize seulement. La caudale est régulière, elle a treize ou quatorze grands rayons et deux ou trois rayons basilaires, en dessus comme en dessous. Les pectorales sont insérées sur une large base; elles sont constituées par deux petits rayons à peine crinoïdes et seize autres rayons, c'est le nombre que j'ai constamment trouvé chez les sujets que j'ai étudiés. Quant aux ventrales, elles sont généralement un peu moins longues que les pectorales, au moins chez les mâles, chez les femelles, la différence paraît moindre et parfois même elles sont aussi longues; la membrane antérieure du disque manque absolument, il n'y a pas même de repli cutané vers l'épine, et la base des nageoires, en avant, est complètement garnie d'écailles ; les rayons internes ne sont reliés que dans une très-faible étendue par une petite expansion membraneuse, à peu près comme chez le Gobie doré ; il n'y a guère que chez les femelles que la pointe de la nageoire arrive à l'anus et encore assez rarement.

Br. 5. — D. 6 — 1/13 ou 14 ; A. 1/13 ; C. 2 ou 3/13 ou 14/3 ou 2 ; P. 18 ; V. 1/5.

La coloration est d'un brun jaunâtre sur le dos et les flancs, d'un ton un peu plus clair sous le ventre ; il y a généralement, sur les côtés, une série de petites macules noirâtres, allant jusque sur la base de la caudale. La tête est d'un jaune grisâtre en dessus et sur les côtés ; les joues et les pièces operculaires sont marquées de petites taches plus ou moins arrondies, de gouttelettes d'un jaune pâle ou d'un blanc laiteux, avec un fin pointillé noirâtre ; les taches sont parfois séparées par des raies noirâtres. Il y a généralement une tache noirâtre vers la commissure des lèvres ; en dessous, de chaque côté de l'espace jugulaire, existe une série de quatre ou cinq taches, parfois six, commençant le plus souvent vers l'angle postérieur et inférieur du préopercule et allant jusque sous la symphyse de la mandibule. Les dorsales et la caudale sont grisâtres marquées de petites mouchetures d'un brun foncé ; l'anale est grisâtre, d'une teinte plus foncée vers la pointe de ses rayons ; les ventrales sont d'un gris jaunâtre pointillé de noir ; sur la base des rayons supérieurs de la pectorale est une tache noire, qui paraît constante ; souvent il en existe encore une autre, mais plus petite, sur la racine des deux ou trois avant-derniers rayons inférieurs.

Habitat. Méditerranée ; assez commun, Nice ; assez rare, Port-Vendres.
Proportions : long. totale 0,072 ; tronc, haut. 0,011.
Tête, long. 0,017, haut. 0,011. — Œil, diam. horiz. 0,0015, diam. vert, 0,003 ; esp. préorb. 0,0035 ; esp. interorb. 0,002.

APHYE PELLUCIDE.

T. II, p. 238.

J'ai été fort surpris de trouver plusieurs spécimens d'Aphye pellucide au nombre des Poissons que M. H. Gadeau de Kerville avait pêchés dans l'estuaire de la Seine et qu'il m'avait prié de déterminer.

Ce Gobiidé, qui est si commun d'Antibes à Menton, n'avait jamais été reconnu sur nos côtes de l'Ouest, avant les explorations faites par M. H. Gadeau de Kerville dans la Basse-Seine. C'est le 14 juin 1885 que les premiers spécimens dont nous parlons ont été capturés entre Honfleur et la Rivière-Saint-Sauveur.

L'habitat de ce petit Poisson est excessivement vaste, il s'étend du fond de la mer Noire jusque sur les côtes de Norwège. — En 1836, le Dr Parnell découvrit ce Gobiidé dans le golfe de Solway, et l'année suivante le décrivit comme une nouvelle espèce de Gobie d'Angleterre, sous le nom de *Gobius albus*, dans *Proceed. Roy. Societ. Edinburgh*, 1837 ; il en donna une assez bonne figure dans son *Essay on the Fishes of the District of Forth*, pl. 29, Edinburgh, 1838. — Suivant le professeur Collett, l'Aphye pellucide aurait une existence fort courte ; ce serait en quelque sorte un Vertébré annuel.

GENRE SCORPÈNE.

T. II, p. 309.

Bord antérieur du premier sous-orbitaire armé de . . . .
- quatre épines . . . 1. S. TRUIE.
- trois épines . . . . 2. S. PUSTULEUSE.
- deux épines . . . . 3. S. RASCASSE.

LA SCORPÈNE PUSTULEUSE — *SCORPŒNA USTULATA*, Lowe.

Syn. : SCORPŒNA PORCUS, Costa, *Fn. Napol.*, pl. 3.

SCORPŒNA USTULATA, Lowe, dans *Proceed. zool. Soc. London*, 1840, June 9, p. 36 ; Günth., t. II, p. 110 ; Giglioli, *New and very rare Fish from the Mediterranean*, dans *Nature*, London, 1882, t. XXV, p. 535 ; Bellotti, *Note ittiologiche*, Estrat. *Atti del. Soc. ital. sc. natur.*, Milano, 1888, t. XXXI, p. 1, pl. 4, fig. 1.

Long. : 0,10 à 0,15, quelquefois plus.

A première vue, cette Scorpène paraît une espèce intermédiaire ; elle a les formes de la Rascasse et le revêtement écailleux de la Scorpène truie. La hauteur du tronc, qui fait à peu près le double de l'épaisseur, est comprise trois fois et quart à trois fois et demie dans la longueur totale. Le corps est couvert de grandes écailles à bord postérieur convexe, garni de spinules relativement développées, qui rendent la peau très-rugueuse; les appendices ou lambeaux cutanés sont fort grêles, généralement rares, cependant, sur un spécimen, j'en ai compté une dizaine longeant la partie épineuse de la dorsale.

La tête montre à peu près les mêmes proportions que chez les autres espèces; sa longueur est contenue environ trois fois dans la longueur totale; dans sa région postorbitaire, elle présente un aspect gaufré, et sous la peau, qui est percée de pores nombreux, se trouvent de petites écailles minces et lisses; elle ne porte que fort peu d'appendices cutanés; elle est très-épineuse. Le museau est d'assez faible convexité. La mâchoire supérieure, légèrement protractile, est un peu moins avancée que la mandibule. L'extrémité du maxillaire supérieur se porte en arrière un peu plus loin que le prolongement du diamètre vertical de l'œil. La mandibule n'a que de très-rares appendices cutanés, très-réduits, à peine visibles, parfois même elle en est complètement dépourvue. La bouche est fendue jusque sous le bord antérieur de l'orbite ou plutôt jusqu'à l'aplomb de l'orifice postérieur de la narine. Les mâchoires sont munies de petites dents en velours ras; le chevron du vomer et l'arcade palatine sont garnis de dents semblables. La langue est épaisse, libre en avant; elle est d'une teinte pâle.

L'œil est grand, à peu près rond; son diamètre horizontal, qui l'emporte à peine sur le diamètre vertical, est compris trois fois à trois fois et quart dans la longueur de la tête, il est un peu plus grand que l'espace préorbitaire, il fait le double de l'espace interorbitaire. L'orbite a le bord supérieur épineux. Dans l'espace préorbitaire, de chaque côté des branches montantes de l'intermaxillaire, est une épine nasale dirigée en haut et en arrière. L'espace interorbitaire, assez étroit, présente dans son milieu un sillon assez profond, rétréci vers sa partie médiane et limité de chaque côté par une crête qui le sépare d'un autre sillon bordé en dehors par le relief du sourcil. Il y a généralement, à la suite les unes des autres, six épines disposées en série; la première est sur le bord antérieur et supérieur de l'orbite; au-dessus du diamètre vertical de l'œil est la deuxième épine suivie d'une autre fort rapprochée ; entre elles est attaché un petit tentacule grêle, digité, mesurant de 4 à 5 millimètres ; dans le sillon transversal de la région occipitale est une quatrième épine, après laquelle en viennent deux autres ; toutes ces épines, à pointe tournée en arrière, ressemblent beaucoup à celles de la Rascasse, toutefois elles sont plus acérées. Les sous-orbitaires sont excessivement rugueux, hérissés d'épines ; le sous-orbitaire antérieur présente dans le nombre et la disposition de ses épines, les caractères spécifiques de nos trois Scorpènes, ainsi que le montrent les figures suivantes (fig. 223, 224 et 225). Dans l'espèce en ques-

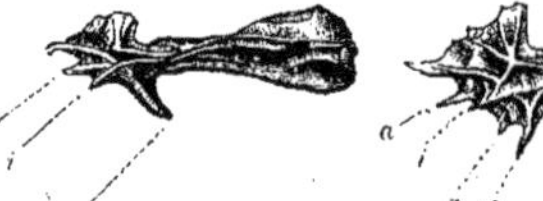 

Fig. 223. — 1ᵉʳ *sous-orbitaire de la Scorpène pustuleuse.*

a, épine antérieure ; *p,* épine postérieure ; *i,* épine, intermédiaire.

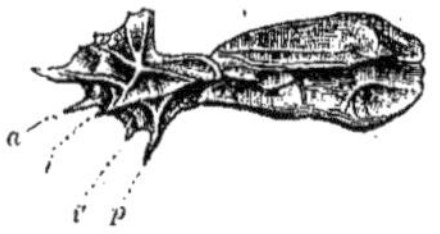

Fig. 224. — 1ᵉʳ *sous-orbitaire de la Scorpène truie.*

a, épine antérieure ; *p,* épine postérieure ; *i,* 1ʳᵉ épine intermédiaire ; *i',* 2ᵉ épine intermédiaire.

Fig. 225. — 1ᵉʳ *sous-orbitaire de la Scorpène rascasse.*

a, épine antérieure ; *p,* épine postérieure.

tion, le premier sous-orbitaire a le bord antérieur armé de trois épines ; la première est tournée en avant, la seconde, qui en est très-rapprochée et semble partir de la même base, est dirigée en bas ; la troisième, qui est le plus développée, passe sur la mâchoire supérieure, décrit une courbe assez légère, et sa pointe se porte en bas et en arrière. Le second sous-orbitaire présente une arête longitudinale, garnie de trois ou quatre épines, qui, jointe à l'épine postérieure et supérieure du préopercule, forme une espèce de longue arête dentelée. Il y a souvent un petit tentacule sur le sous-orbitaire antérieur, entre les deux premières épines.

Sur le bord postérieur de l'orifice antérieur de la narine est attaché un petit tentacule.

La fente branchiale s'étend de l'aplomb du bord antérieur de l'orbite à la crête épineuse, qui, partant du bord postérieur de l'orbite, joint le commencement de la ligne latérale. Le bord postérieur du préopercule est armée de cinq épines dont la plus développée fait suite, comme dans la Rascasse, à l'arête du sous-orbitaire. L'opercule est muni de deux épines divergentes. Le bord supérieur de la membrane branchiostège est entamé d'une échancrure plus semblable à celle qui se voit chez la Scorpène truie qu'à celle qui se montre chez la Rascasse.

La ligne latérale s'étend du haut de la fente branchiale jusqu'au milieu de la base de la caudale; elle est composée de trente-quatre à trente-six écailles; elle porte quelques rares appendices cutanés assez longs, mais très grêles. Éc., l. long. 46; l. transv. $\frac{7}{13 \text{ ou } 14}+1 = 21$ ou 22.

Comme dans les autres Scorpènes, la dorsale est échancrée et très-longue; généralement le quatrième aiguillon est le plus allongé, parfois il ne dépasse pas le troisième, non plus que le cinquième. L'anale a la seconde épine très-développée. Les pectorales sont grandes; chez quelques sujets, les ventrales dépassent l'anus, elles arrivent à la base de la première épine de l'anale.

D. 12/9 ou 10; A. 3/5; C. 2 à 4/12 ou 13/3 ou 4; P. 18 ou 19; V. 1/5.

La teinte générale est rosée avec des points ou des taches brunâtres; à la dorsale une tache noirâtre bien marquée se montre entre le huitième et le neuvième aiguillon, parfois elle s'étend sur deux espaces intraradiaires du huitième au dixième aiguillon; la partie épineuse de la dorsale est rosée; la partie molle est rosée avec de petites taches noirâtres; l'anale présente le même système de coloration; la caudale et les pectorales sont roses avec des taches noirâtres disposées par séries verticales; les ventrales sont roses avec quelques taches noires assez rares. Les tentacules du sourcil sont tantôt de teinte rosée, tantôt de teinte noirâtre.

Habitat. Méditerranée, assez commune à Nice depuis quelques années.
Proportions : long. totale 0,120; tronc, haut. 0,040.

Tête, long. 0,045; haut. 0,036. — OEil, diam. 0,014; esp. préorbit. 0,012, esp. interorbit. 0,007. — Mâchoire supérieure, long. 0,022.

Caudale, long. 0,029; pectorale, 0,029; ventrale, long. 0,026. — Dorsale, haut. du quatrième aiguil. 0,019, du premier rayon mou 0,019, long. de la base 0,066; anale, haut. deuxième épine 0,019, premier rayon mou 0,022, long. de la base 0,014.

Distance du museau à : dorsale, 0,039; anale, 0,070; pectorale, 0,040; ventrale, 0,042.

NOTE. — Une quarantaine d'années avant que M. Giglioli eût annoncé la nouvelle qu'il venait de faire, sur les côtes de Sicile, la découverte de cette Scorpène, Costa l'avait décrite et figurée, sous la domination inexacte, il est vrai, de *Scorpæna porcus*, V. Costa, *Fn. Reg. Napol.*, pl. III.

Il est singulier de voir M. Steindachner ne pas admettre la *Scorpæna ustulata* comme une espèce distincte et bien déterminée et la rapporter avec un point de doute, il faut le reconnaître, à la *Sc. scrofa*, Linn.; V. Steindach., *Scorpæna scrofa*, Linn., dans *Ichthyol. Ber. Span. und Portug. Reis.*, V. Fortsetzung, dans *Sitzungsb. Akad. Wissensch.*, Wien, 1867, t. LVI, p. 75.

M. le Dr C. Bellotti a trouvé cette Scorpène sur le marché de Nice, dans les premiers mois de l'année 1888; il a eu l'amabilité de m'en donner plusieurs spécimens, je saisis cette occasion pour l'en remercier de nouveau.

Famille des Bérycidés.

T. II, p, 321-322. Il faut au genre Hoplostèthe ajouter le genre Béryx. — Les Béryx se distinguent des Hoplostèthes par l'absence d'épine au préopercule, de cuirasse à l'abdomen, et par la présence d'écailles sur la joue. — Dans les caractères de la famille des Bérycidés, ce qui est relatif aux pièces operculaires doit être supprimé.

GENRE BÉRYX — *BERYX*, CV.

Corps élevé, comprimé, couvert d'écailles pectinées.

Tête; museau court; bouche à fente oblique; mandibule plus avancée que la mâchoire supérieure, garnies l'une et l'autre de dents en velours; vomer et palatins dentés; joues écailleuses.

Yeux très-grands; sous-orbitaires dentelés.

Appareil branchial; rayons branchiostèges, huit et plus; préopercule dentelé, mais sans épine; opercule et sous-opercule couverts d'écailles.

Nageoires; dorsale unique; anale à quatre épines; caudale fourchue; ventrale ayant au moins sept rayons mous.

LE BÉRYX DÉCADACTYLE — *BERYX DECADACTYLUS*.

Syn. : Le Béryx à dix rayons ventraux, ou décadactyle, Beryx decadactylus, Cuv. et Valenc., t. III, p. 222; Valenc., *Ichth. Canaries*, p. 13, pl. 4.

Beryx decadactylus, Günth., t. I, p. 16, *Stud. Fish.*, p. 422, fig. 184 et dans *Challenger Deep-Sea Fish.*, t. XXII, p. 33; Steindachn., *Ichth. Ber. Span. u. Portug.*, IV. Forts., dans *Silz. k. Akad. Wissensch.*, Wien, 1867, t. LVI, p. 1, pl. 1; Brit. Capel., *Cat. Peix. Portug.*, dans *Jorn. Sc. math phys. nat.*, n° 3, Lisb., 1867, p. 8 et dans *Cat. Peix. Portug.*, 1884, p. 3, n° 3.

Long. : 0,30 à 0,50 et plus.

Le corps est comprimé, élevé, ovale ; sa hauteur est comprise deux fois et trois quarts à trois fois et demie dans la longueur totale.

La longueur de la tête, qui est moindre que la hauteur du tronc, est contenue trois fois et demie à trois fois et quatre cinquièmes dans la longueur totale. La fente de la bouche est très-oblique ; la mandibule est avancée relevée en avant du museau ; la mâchoire supérieure se porte en arrière jusque sous le diamètre verticale de l'œil.

L'œil est fort grand ; son diamètre est compris deux fois et demie à deux fois et deux tiers dans la longueur de la tête ; il est d'un tiers environ plus grand que l'espace préorbitaire. L'extrémité antérieure du préorbitaire est armée d'une épine à pointe dirigée en arrière.

La ligne latérale suit à peu près le profil du dos ; elle se continue en arrière jusque vers l'échancrure de la caudale. — Écail., l. long. 62 à 65 ; l. transv. 32 à 34.

La caudale est profondément échancrée ; elle est écailleuse ; la ventrale a généralement dix rayons mous.

Br. 8. — D. 4/18 ou 19 ; A. 4/28 à 30 ; C, 5 ou 6/18 ou 19/4 ou 5 ;
P. 14 à 18 ; V. 1/9 ou 10.

La coloration est rougeâtre.

Habitat. Méditerranée, accidentellement, Nice.
Proportions : long. totale 0,54 ; tronc, haut., 0,17. — D'après les renseignements que MM. Gal ont l'obligeance de nous fournir, voici les proportions du Béryx capturé à Nice, en juillet 1885 : long. totale 0,65 ; tronc, haut. 0,22, épais. 0,10. — Poids. 4,000.

GENRE MÉROU.

T. II, p. 367.

Tête : Supprimer « mâchoire supérieure nue ».

Ce genre comprend trois espèces.

Caudale { arrondie. . . . . 1. M. BRUN.
{ échancrée. { onze rayons mous . . . . . 2. M. A MUSEAU AIGU.
{ Anale à. { huit ou neuf rayons mous. 3. M. DE COSTA.

ÉPINÉPHÈLE A MUSEAU AIGU — *EPINEPHELUS ACUTIROSTRIS.*

Syn. : Le Mérou à museau aigu, SERRANUS ACUTIROSTRIS, Cuv. et Valenc., t. II, p. 286, et t. IX, p. 432.

? Le Mérou ondulé, SERRANUS UNDULOSUS, Cuv. et Valenc., t. II, p. 295.

SERRANUS NEBULOSUS, Cocco.

SERRANUS TINCA, Cantraine, dans *Giornale delle scienze, belle-lettere ed arti di Pisa*, 1833, et dans *Nouv. Mém. Acad. royale des sciences et belles-lettres de Bruxelles*, Bruxel., 1838, t. XI, fig.

SERRANUS FUSCUS, Lowe dans *Transact. Cambridge philos. Societ.*, Cambridge, 1838, t. VI, part. I, p. 196; Steindachn., dans *Ichthyol. Bericht. Spanien und Portug. Reise*, V. Fortsetzung, Wien, 1867, t. LVI, p. 14, pl. 2, fig. 1.

CERNA NEBULOSA, CBp., *Cat.*, p. 58, n° 496; Vérany, *Zool. Alpes-Marit.*, 1862, p. 43.

Le Serran à museau aigu, SERRANUS ACUTIROSTRIS, Valenc., dans *Ichthyol. Canaries*, p. 11, pl. 3, fig. 1; Guichen., *Erpl. sc. Algér.*, p. 35.

? Le Serran échancré, SERRANUS EMARGINATUS, Valenc., dans *Ichthyol. Canaries*, p. 9.

SERRANUS MACROGENIS, Sassi, dans *Descriz. Genova e del Genovesato*, t. I, p. 139, ex Canestr. (Cerna macrogenis), dans *Mem. r. Accad. Sc. Torino*, Torino, 1864, 2 ser., t. XXI, p. 359, pl. 1, fig. 1; Gigl., *Cat. Pesc. ital.*, p. 79, n° 15.

SERRANUS ACUTIROSTRIS, Günth., t. I, p. 135; Gigl., *Cat. Pesc. ital.*, p. 79, n° 18.

? SERRANUS EMARGINATUS, Gigl., *Cat. Pesc. ital.*, p. 79, n° 17.

SERRANUS UNDULOSUS, ex Cuv. et Valenc., *jun.*, Steindachn., dans *Ichthyol. Beiträge* XII, *Sitzungsb. Akad. W. Math. nat.*, Wien, 1882, t. LXXXVI, p. 63 (*jun. Ser.*, acutirostris, C. V.).

Long. : 0,35 à 0,80.

Le corps est assez haut et assez épais; la hauteur du tronc, qui ne mesure pas tout à fait le double de l'épaisseur, est comprise quatre fois et quart à quatre fois et demie dans la longueur totale. Le profil supérieur dessine une courbe régulière de la tête au tronçon de la queue; le profil inférieur va presque directement de la ceinture scapulaire à l'anale, puis se relève douce-

ment jusqu'à l'extrémité de la base de la nageoire. Le tronçon
de la queue est presque carré ; sa hauteur atteint à peine moins
de la moitié de la hauteur du corps. L'anus est placé vers le
milieu de la longueur totale. La peau est couverte de petites
écailles à bord postérieur convexe garni de spinules.

La tête est développée ; sa longueur, chez le sujet que j'étudie,
est contenue environ trois fois et quart dans la longueur totale ;
son profil supérieur dessine une courbe très allongée, se conti-
nuant, quand la bouche est fermée, jusque sur l'extrémité de la
mâchoire inférieure ; elle est à peu près complètement couverte
d'écailles. La bouche est bien ouverte ; sa fente est à peine oblique d'arrière en avant. La mâchoire supérieure est beaucoup
moins avancée que l'inférieure ; le maxillaire supérieur est large
en arrière, coupé à peu près carrément ; il se porte jusque vers
l'aplomb du bord postérieur de l'orbite ; il est couvert de petites
écailles. La mâchoire inférieure est aussi garnie de petites
écailles, excepté peut-être sur le pli labial ; elle se relève au-
devant de la mâchoire supérieure et forme en quelque sorte le
bout du museau ; une ligne menée directement, la bouche étant
fermée, de l'extrémité de la mandibule à la ceinture scapulaire,
arrive à peu près au milieu de l'espace qui sépare l'épine operculaire inférieure de l'insertion de la pectorale. Les dents, qui
garnissent le devant de la mâchoire supérieure, sont fortes, pointues, coniques ; il y a de chaque côté une canine sensiblement
plus développée que les autres dents ; les parties latérales sont
munies de dents en cardes avec une rangée externe de dents
plus fortes. A la mandibule se montre sur l'extrémité de chaque
dentaire un groupe de dents, coniques, crochues, obliques, à
pointe dirigée en arrière, venant en quelque sorte, lorsque la
bouche est close, remplir l'intervalle que laissent entre elles les
deux canines de la mâchoire supérieure ; sur les côtés les dents
sont en cardes, et comme le rappelle judicieusement Valenciennes, seulement sur deux rangées, au moins chez le sujet
rapporté du Brésil par Delalande.

Variable suivant la taille des sujets, le diamètre de l'œil mesure chez les sujets de moyenne taille le septième environ de la longueur de la tête, la moitié de l'espace préorbitaire, les trois quarts de l'espace interorbitaire ; chez le spécimen décrit par Cantraine, long de 0,744, le diamètre de l'œil ne fait que le neuvième de la longueur de la tête. L'orbite est ovale de haut en bas et d'arrière en avant.

L'orifice antérieur de la narine est sur le prolongement de la ligne horizontale partant du bord inférieur de l'orbite ; il est légèrement tubuleux. L'orifice postérieur est sur le prolongement du diamètre transversal de l'œil.

La fente branchiale est très grande ; elle commence en avant, à peu près sous l'aplomb du bord antérieur de l'orbite, et remonte en arrière jusqu'au niveau du bord supérieur de l'orbite. Les pièces operculaires et la joue sont écailleuses. Le préopercule a le bord postérieur finement dentelé ; il porte une légère échancrure au-dessus de l'angle postérieur et inférieur, qui est armé d'épines un peu plus fortes que les autres ; son bord inférieur est légèrement oblique de haut en bas et d'arrière en avant. L'opercule se termine par un angle assez aigu ; il est muni de trois épines ; l'épine médiane est la plus développée ; entre l'épine médiane et l'épine supérieure est une échancrure profonde, semi-circulaire, masquée par la peau.

La ligne latérale s'étend de l'angle supérieur de la fente branchiale au milieu de la base de la caudale, en suivant le profil du dos. Le nombre des écailles d'une ligne longitudinale est assez difficile à déterminer d'une façon bien précise ; sur la ligne partant de la ceinture scapulaire vis-à-vis de l'épine médiane de l'opercule, il y en a environ 85. Écail., l. long. 80 à 90 ; l. transv. $\frac{12 \text{ à } 14}{17 \text{ à } 30} + 1 = 40$ à 45.

La base des nageoires impaires est écailleuse et les écailles se continuent plus ou moins loin sur les rayons. La dorsale est régulière ; la région molle est un peu plus haute que la région épineuse et se termine en formant une espèce de lobe arrondi ; il y a généralement onze aiguillons et une quinzaine de rayons mous. L'anale commence au-dessous des premiers rayons mous de la dorsale, et

sa base finit plus en avant que celle de la dorsale ; la troisième
épine est beaucoup plus longue que la seconde et surtout que la
première ; les rayons mous sont bien plus développés que ceux
de la dorsale ; il y en a généralement onze. La caudale est nettement échancrée ; l'échancrure est plus ou moins profonde, suivant
la taille des sujets. La pectorale est développée, elle est large,
étalée en forme d'éventail, à bord postérieur arrondi ; à la partie
supérieure de sa base est un repli de la peau semi-circulaire,
écailleux, simulant une espèce de frein ; ce repli de la peau se
voit seulement quand la nageoire est écartée du tronc, dans l'ab-
duction ; il existe aussi chez le Mérou brun, mais semble moins
étendu, moins large ; la base de la nageoire est garnie de petites
écailles qui se portent sur les rayons jusqu'à leurs divisions en
rameaux. La ventrale est armée d'une épine forte, pointue, beaucoup moins longue que le premier rayon mou ; le rayon interne
est uni au tronc par une membrane triangulaire, large.

D. 11 ou 12/15 ou 16 ; A. 3/11 ; C. 2/17 ou 18/2 ; P. 15 ou 16 ; V. 1/5.

La teinte paraît varier suivant le développement des sujets ;
d'après Guichenot, la couleur est entièrement brune, avec des
nébulosités plus foncées, et la partie molle de la dorsale est
bordée d'un fin liséré plus foncé encore, comme celle de l'anale ;
parfois le corps est marqué de taches bleues plus ou moins régulières.

Habitat. Méditerranée ; excessivement rare, Nice. — D'après le Dr Gulia,
ce Poisson est commun à Naples ; sa chair est au moins aussi délicate que
celle du Mérou brun, S. *gigas*.
Proportions : long. totale 0,350 ; tronc, haut. 0,080, épais. 0,045.
Tête, long. prise du bout du museau 0,101, du bout de la mandibule
0,107 ; haut, 0,075. — Œil, diam. 0,015 ; esp. préorbit. 0,029 ; esp. interorbit. 0,0205.
Caudale, long. au milieu de l'échancrure 0,061 ; pectorale, long. 0,061 ;
ventrale, long. 0,056. — Dorsale, haut. quatrième épine 0,031, région molle
0,034 ; long. 0,052. — Anale, haut. troisième épine 0,018, région molle
0,045 ; long. 0,052.

LE MÉROU DE COSTA — *EPINEPHELUS COSTÆ.*

V. *Plectropome à bandes*, t. II, p. 380.

Syn. : Plectropomtus fasciatus, Costa, *Fn. Napol.*, pl. 9.
Plectropoma fasciatum, CBp., *Cat.*, p. 58, n° 495; Canestr. *Fn. Ital.*, p. 77 ;
Gigl., *Cat. Pesc. ital.*, p. 79, n° 20 (La Cép.).
Serranus Costæ, Steindachn., *Ichth. Beitr.* VI, *Sitz. Akad. Wissensch. Math.
nat.*, Wien, 1878, t. LXXVII, p. 11.
Serranus acutirostris? Perugia, *Elenc. Pesc. Adriat.*, p. 3, pl. 1.
Cernua Costæ, Doderlein, *Giorn. sc. Palern.*, 1862, t. XV; V. Doderlein, *Revision
of the species of the group Cernua occuring in the sea of Sicily*, dans *Zool. Record*,
Lond., 1883.
Serranus Alexandrinus, Vinciguerra (non Cuv. et Valenc.), dans *Risultati ittiolo-
gici delle crociere del Violante*, Genova, 1883, p. 28.

A propos de ce que j'ai écrit sur le Plectropome à bandes (t. II, p. 380),
M. Vinciguerra s'exprime aiusi : *Non riesco a spiegarmi l'opinione emessa in
un lavoro più recente che il Plectropoma fasciatum sia un Serranus cabrilla*
(V. Vinciguerra, *Risultati ittiologici delle crociere del Violante*, Genova, 1883,
p. 30). — Ce qu'il est plus difficile d'expliquer, c'est l'identité spécifique que
M. Vinciguerra veut établir entre le *Plectropomus fasciatus* de Costa et le
Serranus alexandrinus, Cuv. et Valenc. — Suivant M. Vinciguerra, la description originale du *S. alexandrinus*, donnée par Cuvier et Valenciennes,
est insuffisante ; elle est cependant assez nette, assez précise pour guider
tout naturaliste soucieux de profiter de très exacts documents et l'empêcher
de commettre une méprise aussi étrange que celle qui se trouve dans la
dissertation de M. Vinciguerra sur le *Serranus alexandrinus*, Cuv. et Valenc.,
(Vincig., *loc. cit.*, p. 28). — Il existe, ainsi que le fait remarquer Valenciennes, une très grande ressemblance entre le Mérou d'Alexandrie et deux
autres Serrans, le grand Serran brun, *S. gigas*, Cuv. et Valenc., pl. XXXIII,
et l'*Epinephelus afer*, Bloch, pl. CCCXXVII ; dans les espèces citées par
Valenciennes, la caudale est arrondie, tandis qu'elle est échancrée dans le
Plectropomus fasciatus de Costa: il suffit de comparer les figures du *S. gigas*
et de l'*E. afer* avec la figure du *Pl. fasciatus* de Costa pour éviter toute confusion. — M. Vinciguerra, ayant sous les yeux des Serrans *raccolti in Ales-
sandria d'Egitto*, les a considérés comme étant des spécimens authentiques
du *S. Alexandrinus;* de la communauté d'habitat il a conclu à l'identité de
l'espèce ; en vérité, c'est une singulière déduction.— M. Vinciguerra traite
les travaux de certains ichthyologistes avec une sévérité que je ne veux pas
qualifier..., et d'ailleurs quand on se pose en critique, on devrait au moins,
il semble, connaître assez le sujet dont on parle pour ne pas s'exposer à
commettre des erreurs mille fois plus grossières que celles qu'on a la prétention de corriger.

Famille des Sciénidés.

T. II, p. 320.

Cette famille comprend quatre genres :

Dorsale { double. . . . .
{ unique. . . . . 4. Pristipome.

GENRE PRISTIPOME — *PRISTIPOMA*, Cuv.

Corps oblong, comprimé, couvert d'écailles pectinées.

Tête à peu près aussi haute que longue, écailleuse, excepté dans la région préorbitaire ; museau obtus ; mâchoires à peu près égales, garnies de
dents en velours ; une fossette sous le menton, derrière la symphyse de la
mandibule.

Appareil branchial ; préopercule dentelé.

Nageoires ; dorsale unique, longue, ayant généralement plus de dix
aiguillons ; anale à trois épines.

LE PRISTIPOME DE BENNETT — *PRISTIPOMA BENNETTII*,
Lowe.

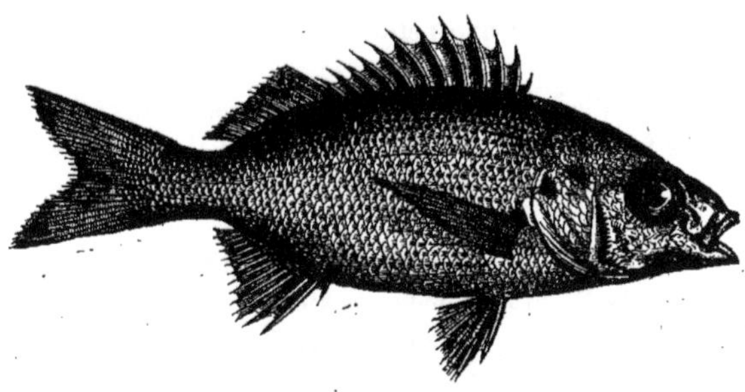

Fig. 226.

Syn. : Pristipoma Bennettii, Lowe, dans *Trans. zool. Soc. Lond.*, t. II, p. 176 ;
Günth., t. I, p. 298 ; Steindachner, *Ichthyol. Bericht über eine nach Spanien und
Portugal unternommene Reise*, V. Fortsetzung, dans *Sitz. d. k. Akad. d. Wissensch.*
Wien, 1867, t. LXVI, p. 17 ; Rochebrune, *Fn. Sénégambie, Poiss.* Paris, 1883, p. 48.
Pristipome de Bennett, Pristipoma Bennettii, Valenc., *Ichth. Canaries*, p. 26 ;
Guichen. *Expl. sc. Algér.*, p. 44.

Pristipome ronfleur, PRISTIPOMA RONCHUS, Valenc., *loc. cit.*, p. 25, pl. 7, fig. 2 ; Guichen, *loc. cit.*, p. 44.

Long. : 0,12 à 0,20, quelquefois plus.

La hauteur du tronc est comprise environ trois fois et demie dans la longueur totale ; elle fait à peu près le double de la hauteur. Le profil supérieur dessine une courbe allongée, assez régulière, de la nuque au tronçon de la queue. Les écailles qui recouvrent le corps sont de moyenne grandeur ; elles sont pectinées ; il n'y a guère que sur la rangée postérieure que les spinules gardent leur pointe, celles des rangées précédentes, au nombre de deux ou trois, rarement quatre, sont réduites à leur base formant des espèces de très petits écussons.

La tête est bien développée ; sa longueur est égale, ou peu s'en manque, à la hauteur du tronc ; elle est écailleuse, excepté dans la région préorbitaire ; ses écailles sont peu ou point épineuses. Le museau est obtus. La bouche est peu fendue. Les mâchoires, à peu près égales, sont garnies de dents en velours, un peu plus fortes à la rangée externe ; la mâchoire supérieure est assez protractile ; en arrière de la symphyse de la mandibule, sous le menton, est une petite fossette. Le palais est complètement lisse.

Quant au diamètre de l'œil, il est contenu trois fois et demie à quatre fois dans la longueur de la tête ; il est un peu moins grand que l'espace préorbitaire. Le premier sous-orbitaire est bien développé.

Les orifices de la narine sont vers le bord antérieur et le bord supérieur de l'orbite ; l'orifice postérieur, qui est placé un peu plus haut que l'autre, est très rapproché de l'orbite.

La fente des ouïes est grande, elle s'avance en bas jusque vers le prolongement du diamètre vertical de l'œil ; la muqueuse de la chambre branchiale paraît d'une teinte orange. L'opercule porte sur le bord postérieur une échancrure assez petite, peu visible, masquée par la peau, limitée en haut et en bas par une épine fort peu développée, surtout l'épine supérieure qui est à peine sensible. Le préopercule a le bord postérieur rentrant, concave et l'angle inférieur arrondi ; des dentelures garnissent tout le bord postérieur du préopercule, ainsi que l'angle inférieur, et se continuent sur le bord inférieur sans aller cependant jusqu'à la rencontre du prolongement du diamètre vertical de l'œil.

Plus rapprochée du profil supérieur que de l'inférieur, la ligne latérale suit à peu près la courbure du dos jusque sur le tronçon de la queue ; elle est formée d'écailles beaucoup plus petites que les écailles adjacentes. Écail., l. long. 53 à 56 ; l. transv. $\frac{13 \text{ ou } 14}{8 \text{ ou } 9} + 1$ $= 22$ à 24.

La dorsale commence au-dessus de la base de la pectorale ; elle est longue ; sa portion épineuse est sensiblement plus étendue que sa portion molle ; le premier aiguillon est court ; le quatrième est le plus élevé ; le onzième est bas ; par suite de son abaissement en arrière, la portion épineuse forme avec la portion molle une échancrure assez prononcée. L'anale a trois épines ; la première est assez courte, les deux autres sont à peu près aussi longues que le quatrième aiguillon de la dorsale ; la seconde épine est beaucoup plus grosse que les autres. La caudale est échancrée plutôt que fourchue ; elle porte, sur le tiers antérieur, des rangées de très fines écailles oblongues. Les pectorales sont presque falciformes, longues ; leur pointe n'arrive pas à l'anus, mais dépasse l'extrémité des ventrales. L'épine de la ventrale est forte, assez courte ; sa longueur est d'un tiers environ moindre que celle du premier rayon mou.

Br. 7. — D. 12/15 ou 16 ; A. 3/11 ou 12 ; C. 3 ou 4/16 ou 17/4 ou 3 ;
P. 16 à 18 ; V. 1/5.

Le dos est d'un gris de fer ; le ventre d'une teinte plus pâle, d'un gris argenté. La peau qui ferme l'échancrure de l'opercule est d'un bleu noirâtre. La portion épineuse de la dorsale est d'un gris teinté de jaune ; la portion molle est jaunâtre ; la caudale est d'un gris légèrement lavé de jaune ; les pectorales sont jaunâtres avec une teinte d'un gris pâle ; l'anale et les ventrales sont d'un jaune citron.

Habitat. Méditerranée, accidentellement, Cette ; le spécimen dont je viens de donner la description est le premier qui ait été signalé sur nos côtes ; il a été pêché dans l'étang de Thau, le 14 octobre 1888.

Proportions : long. totale 0,135 ; tronc, haut. 0,039, épaiss. 0,016.

Tête, long. 0,038, haut. 0,033. — Œil, diam. 0,010 ; esp. préorbit. 0,012 ; esp. interorbit. 0,009.

Caudale, long. 0,026 ; pectorale, long. 0,031 ; ventrale, long. 0,020. — Dorsale, haut. quatrième épine 0,014, onzième épine 0,006, rayons mous 0,012, long. 0,055 ; anale, haut. 0,015, long. 0,020.

Famille des Scombridés.

T. II, p. 406-407. Modifier ainsi la première ligne du tableau p. 407 :

Plusieurs (fausses nageoires) après la 2ᵉ dorsale et l'anale. — Crêtes ou carène sur le tronçon de la queue . { plus ou moins développées. 1. SCOMBRINIENS. nulles . . . . . 2. THYRSITINIENS.

Sous-famille des Thyrsitiniens, Thyrsitini.

Corps allongé, fusiforme, sans corselet; ni carène ni crêtes sur le tronçon de la queue.

Tête longue; bouche largement ouverte; mâchoires armees de dents pointues ; dents antérieures de l'intermaxillaire plus développées que les autres; palatins dentés.

Nageoires ; première dorsale commençant plus en avant que la base de la pectorale, régulière ; après la seconde dorsale et l'anale, quelques pinnules, parfois réunies par une membrane.

GENRE ROUVET — *RUVETTUS*, Cocco.

Syn. : ROVETTUS, Valenc.

Ce genre est ainsi caractérisé d'après Valenciennes :

Corps oblong, atténué en arrière; couvert de petites écailles et de grands écussons épineux.

Tête grande ; bouche très largement ouverte; mâchoires munies de dents sur une seule rangée ; à la mâchoire supérieure, les dents antérieures et internes sont plus longues que les autres ; série unique de dents sur les palatins; quelques dents sur le chevron du vomer.

Appareil branchial ; fente des ouïes très grande; sept rayons branchiostèges.

Nageoires ; première dorsale basse, à peu près égale; seconde dorsale opposée à l'anale ; sur le tronçon de la queue, en dessus et en dessous, deux pinnules unies par une petite membrane.

LE ROUVET PRÉCIEUX — *RUVETTUS PRETIOSUS*.

Syn. : Ruvettus pretiosus, Cocco in *Oss. Pelor*, n° 13, Apr. 1833, id. in *Giorn. sc. lett. Sicil.*, 1833, t. XLII, p. 21. id. in *Nuov. Giorn. lett. Pis.*, fasc. 73, Part. sc., p. 52, ex CBp. ; CBp., *Fn. ital.*, fig., *Cat.*, p. 73, n° 675 ; Vérany, *Zool. Alpes-Maritimes*, Nice, 1862, p. 46 ; Steindachn., *Ichth. Ber. Span. Portug. Reis*. V. Fortsetz., dans *Sitzungsb. k. Akad. Wissensch.*, Wien, 1867, t. LVI, p. 102 ; Perugia, *Elenc. Pesc. Adriat.*, Milano, 1881, p. 15, sp. 55.

Ruvettus Temminckii, Cantraine, dans *Bullet. Acad. sc. et bel.*, *lettr.* Bruxelles, 1835, t. II, n° 1, p. 23, id dans *Nouv. Mém. Acad.*, Bruxel., 1837, t. X, av. 2 pl.

Ruvettus (dehinc Acanthoderma) Temminckii, Cantraine, *Lett.* in *Nuov. Giorn. lett.* Pisa, fasc. 63, P. sc., p. 176, ex. CBp.

Tetragonurus ? simplex, — Tet. cauda utrinque simplici, Lowe dans *Proc. zool. Soc. London*, 1833, p. 143.

Ruvettus acanthoderma, Cuv. et Valenc., t. X, p. X.

Thyrsites acanthoderma « Escolar », Lowe, Aplurus simplex, Syn., *Mad. Fish.*, p. 180, dans *Proc. zool. Soc. Lond.*, 1839, p. 78.

Le Rouvet précieux, Ruvettus Temminckii, Valenc., *Ichth. Canaries*, p. 52, pl. 5.

L'Escolar ou Rovetto, S. Berthel., *Pêche sur la côte occid. Afrique*, Paris, 1840, p. 99.

Thyrsites pretiosus, Günth., t. II, p. 351 ; Canest., *Fn. Ital.*, p. 189 ; Brit. Capel., *Cat. Peix. Portug.*, Lisb., 1880, p. 16, n° 70 ; Giglioli, *Cat. Pesc. ital.*, p. 84, n° 94.

Long. : 0,70 à 1,50 et plus.

Ce beau Poisson a le corps allongé, plus ou moins fusiforme, comprimé latéralement. La hauteur du tronc, qui fait le double et même le triple de l'épaisseur, est contenue de cinq à six fois et demie dans la longueur totale. La peau, loin d'être nue, ou d'être, seulement dans sa région postérieure, couverte d'écailles minces et lisses comme chez les représentants du genre Thyrsite, est hérissée d'écussons épineux à pointe dirigée en arrière, ce qui donne au revêtement une extrême rudesse ; le doigt peut être conduit sans résistance de la tête à la queue, mais ne peut être ramené en sens contraire. Chacun des écussons est armé d'aiguillons très acérés, inégaux, au nombre de deux le plus souvent, parfois au nombre de trois ou quatre, montrant un éclat brillant, fort différent de la teinte de l'écusson. L'abdomen est tranchant ; entre les ventrales et l'anus, il existe une carène excessivement rude, formée d'une quarantaine de boucliers, dont la pointe est tournée en arrière.

Excepté dans la partie moyenne de l'espace interorbitaire et
son prolongement jusqu'au bout du museau, la tête est couverte
d'écussons épineux, moins développés que ceux du tronc. Elle
est aplatie en dessus, avec le profil doucement incliné jusqu'au
museau. Sa longueur, qui l'emporte d'un tiers environ sur la
hauteur, est comprise quatre fois à quatre fois et deux tiers dans
la longueur totale. La mâchoire supérieure est plus courte que
la mandibule; elle est garnie de petits écussons à pointes acérées. La bouche est grandement ouverte. L'intermaxillaire,
large en avant, devient grêle en arrière; le maxillaire supérieur
présente une disposition inverse, il est assez étroit, ou plutôt il
paraît très étroit en avant, car il est en partie caché par le sous-
orbitaire; il va s'élargissant surtout vers son extrémité postérieure, en formant une palette ovale, qui dépasse en arrière le
prolongement du diamètre vertical de l'œil. Sous la branche
montante de chacun des intermaxillaires, est une courte série
de deux ou trois dents crochues, placées sur une même ligne
d'avant en arrière; en avant des longues dents crochues commence la rangée des dents implantées sur le bord de l'intermaxillaire; ces dents, beaucoup plus courtes que les crochets,
sont séparées les unes des autres; elles vont en diminuant de
longueur d'une façon régulière jusqu'à l'angle de la bouche; elles
sont très petites vers l'extrémité postérieure de l'intermaxillaire.
Sur le spécimen que j'étudie, chaque intermaxillaire est armé
de vingt-six dents, plus de deux crochets; l'intermaxillaire gauche montre une dépression dans laquelle s'enfonçait la racine
d'une dent crochue arrachée. La mandibule est garnie d'écussons épineux; elle porte une rangée de dents plus fortes que
celles de la mâchoire supérieure; les dents sont aiguës, à pointe
tournée en arrière; elles sont espacées; les plus développées sont
celles qui occupent la partie moyenne de chaque dentaire; il y
a quatorze dents sur le dentaire gauche et quinze sur le droit.
Chez les sujets de très grande taille, les dents sont plus nombreuses. Il existe quatre dents sur le bord antérieur du vomer.
Les palatins ont une série composée d'une douzaine environ

de dents aiguës, à pointe tournée en arrière. La langue paraît
complètement inerme.

Une membrane nictitante annulaire garantit l'œil. Le diamètre
vertical de l'œil, chez le spécimen que j'étudie, est sensiblement
égal au diamètre longitudinal, qui est compris quatre fois et
demie dans la longueur de la tête; il est un peu moindre que
l'espace interorbitaire; il est d'un tiers et plus, moindre que
l'espace préorbitaire. Les proportions sont modifiées suivant la
taille des animaux. L'espace interorbitaire est large, déprimé
dans sa partie médiane, qui n'est pas garnie d'écailles, ainsi
que nous en avons déjà fait l'observation.

L'orifice antérieur de la narine est ovale; l'orifice postérieur
est dans une fente verticale; il est à peu près aussi éloigné de
l'orifice antérieur que du bord de l'orbite.

L'ouverture des ouïes s'avance jusqu'à l'aplomb du bord antérieur de l'orbite. Le préopercule a le bord postérieur à peu près
droit, l'angle postérieur et inférieur arrondi, et le bord inférieur
légèrement courbe, garni de petits écussons qui le rendent
rugueux. L'interopercule est assez petit, à bord inférieur courbe,
à bord antérieur presque droit. Le sous-opercule, caché sous
la peau, n'est pas distinct de l'opercule; il forme avec lui une
longue pièce trapézoïde, à bord postérieur en forme de demi-
ellipse; il existe sur le bord postérieur de l'opercule une échancrure fort légère. Le nombre des rayons branchiostèges est de
sept.

La ligne latérale n'est pas marquée. Le nombre des écussons
composant les lignes longitudinales et verticales tracées sur le
corps, paraît beaucoup varier. Sur le sujet que j'ai sous les
yeux, je compte environ cent dix-huit boucliers dans une ligne
longitudinale et une quarantaine dans une ligne transversale.
D'après Valenciennes, sur des spécimens venant des Canaries,
on en peut compter environ cent cinquante rangées entre l'ouïe
et la caudale, et quarante-cinq à cinquante dans la hauteur.
Éc., l. l. 118 à 150; l. transv. 40 à 50.

La première dorsale prend naissance au-dessus de la fente

branchiale, ayant sa deuxième épine à l'aplomb du milieu de l'espace qui sépare le bord postérieur du battant operculaire de la base des pectorales; elle est basse, formée de rayons espacés, à peu près égaux, dont le dernier est une épine très acérée; elle occupe un sillon assez profond, dans lequel elle se trouve à peu près cachée, quand elle est abaissée. La seconde dorsale est haute en avant, mais elle a ses derniers rayons relativement assez bas et espacés. En arrière est une double pinnule; la première ou la pinnule antérieure est rattachée à la suivante par une membrane excessivement basse. La même disposition se montre pour la double pinnule inférieure. L'anale est un peu moins haute et un peu moins longue que la seconde dorsale. Le tronçon de la queue est robuste; il est à peu près carré. La caudale est bien développée; elle est fortement échancrée ou plutôt fourchue. Les pectorales ne sont pas longues, elles ne mesurent guère que le dixième de la longueur totale. Les ventrales sont encore plus courtes, faisant à peine le seizième de la longueur totale. Les nageoires paires, la seconde dorsale, l'anale et la caudale, sont en partie couvertes de granulations plus ou moins rudes.

Br. 7. — D. 14 ou 15—17 ou 18+II; A. 16 à 18+II; C. 3/20/4; P. 13 à 15; V. 1/5.

Sur le frais, la teinte générale est un châtain verdâtre, qui tire au brun vers le dos; les nageoires sont brunâtres; chez l'animal conservé la coloration est d'un brun jaunâtre.

Habitat. Le spécimen dont je vais indiquer les proportions a été capturé aux Glénans, en août 1855; c'est jusqu'à présent le seul individu qui ait été signalé sur nos côtes de l'Ouest; Méditerranée, Nice, accidentellement.
Proportions : long. totale 0,725; tronc, haut. 0,112, épaiss. 0,055.
Tête, long. 0,160, haut. 103. — Œil, diam. 0,036, esp. préorbit. 0,055, esp. interorbit. 0,040. — Mâchoire supérieure, long. 0,085.
Caudale, long. 0,115; pectorale, long. 0,076; ventrale, long. 0,041. — Première dorsale, haut. 0,022, long. 0,250; seconde dorsale, haut. 0,050, long. 105, pinn., haut, 0,015; anale, haut. 0,042, long. 0,085, pinn., haut. 0,018.

Sous-famille des Centronotiniens.

T. II, p. 448.

Les caractères de cette sous-famille doivent être déterminés de la manière suivante :

Nageoires; première dorsale généralement assez basse et assez courte, formée parfois d'aiguillons isolés, souvent précédée d'une épine dirigée en avant.

Cette sous-famille comprend quatre genres.

Modifier ainsi le tableau :

Première dorsale à	membrane intraradiaire assez développée et	précédée d'une épine libre.......	3. Sériole.
		non précédée d'une épine libre.......	4. Temnodon

GENRE TEMNODON — *TEMNODON*, Cuv. et Val.

Corps oblong, comprimé, couvert de petites écailles lisses; pas de carène ni de crête sur le tronçon de la queue.

Tête à profil supérieur légèrement déclive; mâchoires dentées; intermaxillaires portant une rangée externe de dents aplaties, à pointe tournée en arrière, en dedans s'en trouvent de moins développées; vomer, palatins et langue à dents en velours ras.

Appareil branchial; ouïes largement fendues; sept rayons branchiostèges; pseudobranchies.

Nageoires; première dorsale basse non précédée d'une épine libre, fixe, dirigée en avant, à membrane soutenue par une huitaine de rayons; seconde dorsale et anale assez écailleuses; deux petites épines avant l'anale.

LE TEMNODON SAUTEUR — *TEMNODON SALTATOR*.

Syn. : Saltatrix, Skip jack, Catesby, *His. nat. Carol.*, t. II, p. 14, pl. 14.
Gasterosteus saltatrix, Linn., p. 491. sp. 7.
Le Sauteur, Gasterosteus saltatrix, Bonnat., *Ichth.*, p. 137, pl. 57, fig. 224.
Le Cheilodiptère heptacanthe, Cheilodipterus heptacanthus, Lacép., t. IX, p. 202.
Le Pomatome Skib, Pomatomus Skib, Lacép., t. X, p. 248.
Scomber plumbeus, Horse Makerel, Mitchill, *Fish. New-York*, p. 424, pl. 4, fig. 1.
Le Temnodon sauteur, Temnodon saltator, Cuv. et Valenc., t. IX, p. 225, pl. 260, *Règ. an. ill.*, p. 131, pl. 56, fig. 3.; Valenc., *Ichth. Canar.*, p. 58, pl. 13, fig. 2; S. Berthel., *Pêche, côte occident. Afriq.*, p. 103; Guichen., *Expl. Algér.*, p. 63.
Temnodon saltator, Nordm., *Fn. pontiq.*, p. 394, pl. 5, fig. 1; CBp., *Cat.*, n° 670;

  SCOMBRIDÉS.

Günth., t. II, p. 479; Vérany, *Zool. Alpes-Marit.*, p. 46; Steindachn., *Ichthyol. Ber. Span. Portug.*, VI. Fortsetz., dans *Sitz. d. k. Akad. d. Wissensch.*, Wien, 1868, t. LVII, pl. 44; Canestr., *Fn. Ital.*, p. 111; Brit. Capel., *Cat. Peix. Portug.*, p. 22, n° 97; Giglioli, *Cat. Pesc. ital.*, p. 88, n° 146; Perugia, *Elenc. Pesc. Adriat.*, p. 21, sp. 79.

D'après J. B. Vérany, la *Seriola Rafinesquii* de Risso, *Hist. nat.*, p. 425, doit être le *Temnodon saltator* de Cuvier. — Ainsi que le fait remarquer Valenciennes, les Temnodons sont presque des Sérioles.

Long.: 0,20 à 0,70.

Chez le Temnodon, le corps est oblong, comprimé, couvert de petites écailles lisses. La hauteur du tronc, qui fait le triple environ de l'épaisseur, est comprise quatre fois à quatre fois et demie dans la longueur totale. Le profil supérieur suit une courbe très légère de la tête à la seconde dorsale; la courbure devient plus prononcée sous la seconde nageoire du dos jusqu'au tronçon de la queue. Le profil inférieur est presque droit jusqu'à l'anale, puis se relève doucement vers le tronçon de la queue; les deux courbes que dessinent l'insertion de la seconde dorsale et celle de l'anale sont égales ou peu s'en faut. Le tronçon de la queue est à peu près carré; sa hauteur fait presque le tiers de la hauteur du tronc. En avant de la première dorsale, la ligne du dos est mince, c'est une espèce de crête, qui se prolonge sur la tête jusque vers l'espace interorbitaire; de la gorge à l'anus, le bord du ventre est mince, c'est une carène presque tranchante.

En dessus, la tête est nue, de l'espace interorbitaire au bout du museau; elle est allongée; sa longueur est contenue trois fois et deux tiers à quatre fois dans la longueur totale. Le profil supérieur descend par une faible pente vers le museau, qui est légèrement convexe. La mâchoire supérieure est moins avancée que la mandibule. Les lèvres sont épaisses, charnues. La fente de la bouche est légèrement oblique; elle ne dépasse guère l'aplomb du bord antérieur de l'orbite. L'extrémité postérieure du maxillaire supérieur est élargie; elle se porte un peu en arrière du diamètre vertical de l'œil, mais généralement n'arrive pas à l'aplomb du bord postérieur de l'orbite, au moins chez les sujets de petite taille. La mandibule est avancée, épaisse à la sym-

physe. Les mâchoires ont une rangée de dents relativement
fortes, pointues, espacées, au nombre de huit à douze de chaque
côté, en haut comme en bas; entre ces dents, il en existe de
plus petites. A la mâchoire supérieure, les dents de la rangée
externe sont aplaties, à pointe tournée en arrière; en dedans ou
en arrière de cette rangée, se trouve une série, ou plutôt une
bandelette de petites dents, je dis bandelette, car il y a parfois,
en avant surtout, deux et même trois dents sur une ligne antéro-
postérieure. A la mandibule, les dents sont droites, subulées,
et même les dents postérieures ressemblent à de petites lancettes.
Les palatins sont garnis de petites dents en velours; sur le
chevron du vomer est une espèce de plaque triangulaire
hérissée de petites dents. La langue est lisse en avant; en
arrière elle a des dents en velours ras. Les joues sont couvertes
d'écailles.

L'œil est légèrement ovale, assez petit; son grand diamètre
ne mesure guère que le cinquième de la longueur de la tête.
L'iris paraît d'une teinte rougeâtre.

La narine est rapprochée du bord antérieur et supérieur de
l'œil; l'orifice antérieur est petit, arrondi; l'orifice postérieur
est beaucoup plus grand, ovale ou plutôt semi-lunaire.

La fente branchiale est longue; elle s'étend de l'épaule jusque
vers le prolongement du diamètre vertical de l'œil. Les pièces
operculaires sont plus ou moins couvertes d'écailles. L'opercule a sur le bord postérieur une échancrure assez profonde,
limitée en haut par une pointe mousse, en bas par une pointe
assez résistante, une espèce d'épine qui se porte en arrière au-
dessus de la base de la pectorale. Au-dessous de l'échancrure,
l'opercule est marqué de stries, dirigées obliquement de haut en
bas et de dedans en dehors. Le sous-opercule est une pièce
triangulaire dont l'angle supérieur répond à la pointe aiguë de
l'opercule. L'interopercule est assez développé; son bord postérieur est convexe. Le préopercule a sa partie inférieure et postérieure élargie en une lame saillante, légèrement convexe sur son
bord libre qui est crénelé ou plutôt garni de fines dentelures;

cette lame ne paraît pas couverte d'écailles. Il y a sept rayons branchiostèges.

La ligne latérale est bien marquée; de la ceinture scapulaire au tronçon de la queue, elle dessine une courbe très allongée, à peu près parallèle au profil supérieur du corps, puis gagne directement la base de la caudale. Elle est formée d'écailles plus hautes que longues, paraissant légèrement cordiformes ou plutôt à bord postérieur plus ou moins courbe.

A la suite de la crête du dos, qui est soutenue par des interépineux, commence une espèce de gouttière qui se prolonge jusque vers l'origine de la seconde dorsale. Au fond de cette gouttière s'insère la première dorsale, elle peut même s'y cacher lorsqu'elle est abaissée; cette nageoire est composée d'aiguillons assez grêles, au nombre de huit en comptant la toute petite épine qui est rapprochée de la seconde dorsale; les aiguillons sont unis par une membrane très mince, très facile à déchirer. A son origine, la seconde dorsale est assez élevée, puis elle va diminuant de hauteur jusque sur le tronçon de la queue; son dernier rayon paraît un peu plus allongé que les précédents. Entre l'anus et l'anale proprement dite, se trouvent deux petites épines, légèrement mobiles, à pointe tournée en arrière; ces petites épines peuvent être considérées comme formant une première anale. L'anale est opposée à la seconde dorsale; elle lui ressemble beaucoup par la forme et le nombre des rayons, et, comme elle, est en partie garnie d'écailles. La caudale est fort échancrée ou plutôt fourchue; la ligne latérale se prolonge jusque sur les rayons médians. La pectorale est insérée vers le milieu de la hauteur du tronc; elle est assez courte; sa pointe cependant dépasse souvent en arrière celle de la ventrale. Les ventrales sont rapprochées l'une de l'autre; leur rayon interne est rattaché au ventre par un repli membraneux.

Br. 7. — D. 8 — 1/25 à 29; A. 2 — 1/27 à 30; C. 3/20/3; P. 17 ou 18; V. 1/5

La teinte est d'un blanc argenté ou plombé, ainsi que l'indique le nom spécifique donné par Mitchill à ce Poisson; le dos est verdâtre sur le vivant; grisâtre sur l'animal conservé. Les nageoires impaires et les pectorales sont grisâtres; les ventrales semblent pâles.

Habitat. Méditerranée, Nice, accidentellement.

Proportions : long. totale 0,190; tronc, haut. 0,048, épais. 0,015.

Tête, long. 0,052, haut. 0,044. — Œil, diam. 0,010; esp. préorbit. 0,014; esp. interorbit, 0,013. — Mâchoire supérieure, long. 0,024.

Caudale, long. 0,035; pectorale, long. 0,020; ventrale, long. 0,015. — Première dorsale, haut. 0,010, long. 0,030; seconde dorsale, haut. 0,011, long. 0,045; anale, haut. 0,010, long. 0,044.

LE ZÉE A ÉPAULE ARMÉE.

T. II, p. 472.

Dans le courant de l'année 1889, un Poisson que n'avaient jamais vu les pêcheurs du Havre a été capturé dans le bassin du Commerce. Le nouveau type a paru tellement curieux qu'il a eu les honneurs de la photographie. M. G. Lennier, directeur du musée de la ville, a eu l'amabilité de m'en communiquer une épreuve, et il m'a été facile, dans cette figure, de reconnaître un beau spécimen de *Zée à épaule armée*. C'est le premier sujet qui ait été signalé sur nos côtes de l'Ouest d'une façon authentique. De Brito Capello ne le cite pas dans son catalogue des Poissons du Portugal; le Prof. Steindachner ne l'a trouvé que sur la côte orientale d'Espagne, à Valence et à Alicante, dans la Méditerranée par conséquent.

LE PICAREL INSIDIATEUR. — *SMARIS INSIDIATOR*, CV.

T. III, p. 78. Ajouter à la synonymie.

Syn. : Smaris insidiator, Giglioli, *Cat. Pesc. ital.*, p. 81, n° 39.

Depuis l'impression de notre travail, quelques spécimens de Picarel insidiateur ont été capturés sur nos côtes de la Méditerranée; MM. Gal frères en ont recueilli deux à Nice : le premier en 1882, qui est dans la collection du Muséum de Paris; le second en 1884, qui m'appartient. — Il est inutile de faire une nouvelle description de ce Picarel, la note que nous avons donnée dans notre troisième volume indique nettement les caractères qui distinguent cette espèce de ses congénères.

Habitat. Méditerranée, Nice, excessivement rare.

Famille des Labridés.

T. III, p. 79.

La famille des Labridés se divise en deux sous-familles :

Dents des mâchoires { libres .... 1. LABRINIENS.
{ soudées .... 2. SCARINIENS.

Les caractères indiqués comme appartenant à la famille des Labridés
ne s'appliquent plus en entier qu'à la sous-famille des Labriniens. Avant
de faire la description du Scare, nous devons revenir à l'histoire des
Girelles.

LA GIRELLE COMMUNE ET LA GIRELLE GIOFREDI.

T. III, p. 141 et p. 145.

La Girelle commune et la Girelle Giofredi forment-elles réellement deux
espèces distinctes comme on l'admet généralement depuis Risso, ou ne re-
présentent-elles que les sexes d'une seule et même espèce comme le prétend
le D' Steindachner, la Girelle commune étant le mâle, la Girelle Giofredi
étant la femelle (V. *Coris julis*, Linn., Steindachner, *Ichth. Ber. Span. u.
Portug. Reise*, VII. Forts., dans *Sitz. k. Akad. Wissench.*, Wien, 1868, t. LVII,
p. 701)? C'est une question des plus intéressantes et qui mérite d'être dis-
cutée. Depuis une dizaine d'années, je le reconnais, la manière de voir de
M. Steindachner est acceptée par un certain nombre d'ichthyologistes,
Al. Perugia, Fr. Day, A. Smitt, etc.; malgré le talent des naturalistes que
je viens de nommer, malgré l'autorité incontestable du professeur de Vienne,
je ne pouvais vraiment me ranger à cette opinion, sans demander à l'anatomie la preuve des faits. A propos d'une notice fort bien rédigée sur le
genre Crénilabre, publiée par M. Sarato (V. *Moniteur des Étrangers de Nice*,
n° 315, Nice, 28 avril 1889), que l'auteur avait eu la gracieuseté de m'envoyer, je lui écrivais : « L'identité spécifique du *C. julis* et du *C. Giofredi* ne
me semble pas encore nettement démontrée; il y a longtemps déjà que les
pêcheurs de Cette ont émis sur l'unité spécifique de ces Girelles une idée
semblable à celle de M. Steindachner, mais différente de la sienne relativement au sexe; d'après eux c'est la *C. julis* qui porte les œufs. Pour moi, je
ne suis pas encore arrivé à me former une opinion basée sur des faits suf-
fisamment nombreux, et je crois que de nouvelles recherches sont absolument nécessaires avant de porter un jugement définitif. » Dans les premiers
jours du mois de juin de la même année, le savant conservateur du musée
d'histoire naturelle de Nice m'adressait deux spécimens de *C. Giofredi*
ayant les organes de la reproduction dans leur complet développement;
l'examen des glandes spermagènes ne pouvait laisser aucun doute sur
l'identité du sexe; les sujets, comme l'avait parfaitement constaté le
D' Sarato, étaient bien deux mâles. J'ai engagé M. Sarato à publier cette
importante observation, ce qu'il fit plus tard (V. *Notes ichthyologiques* dans
Gazette de Nice et des Alpes-Maritimes, n° 4, Nice, 26 janvier 1890). Du reste
les mâles ne sont pas rares, ainsi que l'écrit le D' Sarato : « Nous avons, dit-
il, recueilli sur notre marché, en huit ou dix jours, plus de trente exemplaires de *C. Giofredi* pourvus de laitances. Aucun signe extérieur ne les

distingue de ceux qui ont des ovaires; et chose étrange, parmi les nombreux spécimens du type que nous avons examinés, les plus beaux sont des femelles. » — Grâce aux recherches de M. Sarato, le doute est dissipé; la *C. julis* et la *C. Giofredi* doivent être conservées comme deux espèces plus ou moins nettement séparées. Le Prof. Canestrini dit bien, en parlant de la Girelle Giofredi, que cette espèce n'est pas franchement distincte de la précédente (*C. julis*), qu'il a vu des formes constituant un passage de l'une à l'autre. Qu'il y ait des formes telles que le Prof. Canestrini les indique, c'est possible; il faudrait en chercher les causes et peut-être parviendrait-on à les découvrir sans de bien grandes difficultés; en tout cas le système de coloration n'est pas l'indice de tel ou tel sexe, c'est là qu'est l'intérêt de la question. Je n'ai pas le moins du monde l'intention de mettre en doute l'opinion exprimée par Canestrini, bien que, parmi les nombreux spécimens que j'ai examinés, j'aie constamment trouvé une différence sensible dans l'aspect du revêtement écailleux de l'une ou de l'autre de ces Girelles. Enfin, suivant M. Arnoux, la Girelle commune, *Julis vulgaris*, porte en juin des « œufs bien développés ». V. *Trav. Zool. appliq.*, Marion, Marseille, 1890, p. 97.

Sous-famille des Scariniens, *Scarini*.

Corps oblong, couvert de grandes écailles cycloïdes.

Tête en partie écailleuse; bouche au bout du museau, horizontale; mâchoires à dents soudées.

Appareil branchial; ouïes largement fendues; cinq rayons branchiostèges; pharyngiens inférieurs soudés en une seule plaque dentaire; les dents pharyngiennes inférieures et supérieures sont à couronnes quadrilatérales, pressées les unes contre les autres comme de petits pavés de coupe régulière, formant une espèce de mosaïque.

GENRE SCARE — *SCARUS*, Forsk.

Corps revêtu de grandes écailles assez peu nombreuses; il y en a moins de trente dans une série longitudinale.

Tête; une seule rangée d'écailles sur les joues.

Ligne latérale bien marquée.

Nageoires; dorsale composée généralement de neuf épines et de dix rayons mous; anale ayant le plus souvent deux aiguillons plus ou moins recouverts par la peau, et neuf ou dix rayons mous.

LE SCARE DES MERS DE GRÈCE OU SCARE DES ANCIENS
SCARUS CRETENSIS.

Syn. : Σκάρος, Aristote, *Hist. Anim.*, trad. Camus, liv. II, c. 13, p. 84-85, c. 17, p. 100-101; liv. VIII, c. 2, p. 402-403; liv. IX, c. 37, p. 592-593.

Scarus, Pline, *Hist. nat. Anim.*, trad. Guéroult, Paris, 1802, t. II, p. 54-57.

? Scarus, Bell., p. 239-240.

Scarus cretensis, Aldrov., p. 8, fig.; CBp., *Cat.*, p. 86, n° 780; Günth., t. IV, p. 209. et *Study of Fishes*, Edinb., 1880, *coalescent pharyngeals*, fig. 239, p. 523; Steindachn., *Ichth. Ber. Span. Portug. Reise*, VII. Forts., dans *Sitz. Akad. Wissensch. math. nat.*, Wien, 1868, t. LVII, p. 702; Canestr. *Fn. Ital.*, p. 73; Giglioli, *Cat. Pesc. ital.*, p. 95, n° 275; Guimaráes, *Lista Peix Madeira, Açores*, etc., p. 24, dans *Jorn. Sc. math. phys. nat.*, Lisb., 1884, n° 37.

? Labrus tetraodon, Arted., *Syn.*, p. 57, sp. 12.

Labrus scarus, Linn., p. 473, sp. 1.

Labrus cretensis, Linn., p. 474, sp. 2.

Le Scare des mers de Grèce ou Scare des anciens, Scarus cretensis, Cuv. et Valenc., t. XIV, p. 164, pl. 400.

Le Scare rubigineux, Scarus rubiginosus, Cuv. et Valenc., t. XIV, p. 171: Valenc., *Ichth. Canaries*, dans Webb et Berthelot, p. 68; Guichen., *Catalogue des Scaridés de la collection du Musée de Paris*, dans *Mém. Soc. imp. Sc. nat. Cherbourg*, t. XI, p. 8.

Scarus Canariensis. Valenc., *Ichth. Canaries*, pl. 17, fig. 2.

Le Scare des Canaries, Berthelot, *Pêche sur la côte occidentale d'Afrique*, Paris, 1840, p. 105.

Scare rubiginoïde, Scarus rubiginoides, Guichen., *loc. cit.*, p. 8.

Scare de Grèce, Scarus Cretensis, Guichen., *loc. cit.*, p. 7.

Long. : 0,18 à 0,25 et plus.

Sous le règne de Claude, raconte Pline, Optatus Elipertius, commandant de la flotte, fit apporter des Scares de la mer Carpathienne, et les répandit le long des côtes depuis Ostie jusqu'à la Campanie. Depuis ce temps on en trouve beaucoup sur les rivages de l'Italie où l'on n'en trouvait pas auparavant. — Aujourd'hui le Scare ne se rencontre plus guère, suivant C. Bonaparte et Canestrini, que dans les eaux baignant les rivages de Sicile. Valenciennes écrivait: « le Scare grec n'existe pas sur nos côtes ». Cependant depuis quelques années un certain nombre de spécimens sont tombés dans les filets tendus par nos pêcheurs de la Méditerranée.

De forme oblongue, le corps de ce Poisson a sa hauteur contenue trois fois et un tiers à quatre fois dans la longueur totale; généralement l'épaisseur ne fait pas la moitié de la hauteur. Le profil supérieur dessine une courbe assez régulière de la tête à la fin de la dorsale; le profil inférieur est presque droit des ventrales à l'anale; puis il se relève en formant une convexité qui se continue jusqu'à la fin de l'anale. Le tronçon de la queue est à peu près carré; sa hauteur mesure le neuvième environ de la longueur totale. La peau est garnie de grandes écailles ovales, plus longues que larges, complètement lisses, à bord libre membraneux.

Généralement la tête est plus haute que longue, la hauteur
étant prise un peu en avant de l'angle supérieur de la fente
branchiale. Quant à la longueur, elle mesure le quart, parfois
un peu moins, de la longueur totale. Le profil supérieur est légèrement courbe ; la région préfrontale ou la région située entre
l'espace interorbitaire et l'extrémité du museau est couverte
d'une peau épaisse, sans écailles, présentant surtout vers la
partie rapprochée de l'espace interorbitaire une grande quantité
de pores ou de canaux saillants. Au milieu de l'espace interorbitaire est une écaille, à bord postérieur convexe, en partie
couverte par la peau ; après elle, en vient une autre plus allongée,
convexe, dont la partie libre se termine un peu plus loin que le
bord postérieur de l'orbite ; son angle supérieur recouvre le
commencement du bord interne de deux écailles latérales, qui
sont suivies de deux écailles à cheval sur la crête du dos ; la
dernière ou la seconde de ces écailles est en rapport avec les
deux écailles paires formant le commencement du sillon de la
nageoire dorsale ; en résumé, il y a, de l'espace interorbitaire
au commencement du sillon de la dorsale, deux écailles impaires,
séparées par deux écailles paires (une écaille de chaque côté) de
deux écailles impaires ou médianes dont la dernière se termine
en quelque sorte à l'angle du sillon de la dorsale. La joue porte
une rangée d'écailles dont le nombre varie de trois à cinq. La
bouche est placée au bout du museau ; sa fente n'est pas très
grande. La lèvre supérieure recouvre une lèvre muqueuse formée de cinq festons : un très large feston médian, qui s'étend
sur les intermaxillaires et deux festons arrondis, vers chacun
des angles de la bouche ; le dernier feston ou lobule se rattache
à la lèvre inférieure. Les mâchoires ressemblent un peu au bec
du Perroquet ; la mâchoire supérieure est un peu moins avancée
que la mandibule ; elles sont l'une et l'autre bordées de petites
dents soudées. Plus loin nous donnerons quelques détails sur le
mode singulier d'articulation de la mâchoire inférieure et sur
l'attache ou la suspension des pharyngiens supérieurs à la base
du crâne.

Les yeux sont arrondis, placés près du profil supérieur de la tête. Leur diamètre, qui est à peu près égal à l'espace interorbitaire, mesure un peu plus de la moitié de l'espace préorbitaire ; il est contenu cinq fois environ dans la longueur de la tête. Une paupière circulaire assez étroite s'enfonce sous l'orbite. Au voisinage de l'œil, en avant, en dessous et en arrière, on voit une grande quantité de pores ; on remarque de nombreux canaux qui s'éloignent de l'orbite en se divisant plus ou moins.

Rapprochés l'un de l'autre, les orifices de la narine sont placés près du bord antérieur et supérieur de l'orbite. L'orifice antérieur est bordé en arrière par une membrane divisée en sept ou huit digitations ; celle du milieu est plus développée que les autres, elle est bifurquée ; une ou deux autres de ces digitations présentent une disposition semblable.

Commençant en arrière sur la prolongation du diamètre transversal de l'œil, la fente branchiale s'avance presque jusque sous l'aplomb du bord antérieur de l'orbite. Les pièces operculaires sont peu distinctes, elles sont cachées sous les écailles. L'angle postérieur de l'opercule s'étend jusqu'au-dessus de la base de la pectorale. Les rayons branchiostèges sont au nombre de cinq.

Sur les divers spécimens que j'ai étudiés, la ligne latérale n'est nullement interrompue. De la tête jusque sous la fin de la dorsale, elle décrit une courbe marquée sur la troisième rangée d'écailles, puis elle descend sur le milieu du tronçon de la queue pour gagner directement la base de la caudale. Les écailles de la ligne latérale sont au nombre de vingt-cinq à vingt-sept ; la partie courbe est composée généralement de dix-neuf écailles ; sur un spécimen j'ai trouvé dix-neuf écailles du côté droit et vingt du côté gauche ; dans la partie terminale ou droite, il y a presque toujours sept écailles, rarement six. La dernière écaille de la partie courbe est en rapport avec la première et la deuxième écaille de la partie droite quand cette dernière est formée de sept écailles, avec la première seulement quand il n'y en a que six. Voici du reste ce que j'ai constaté sur trois spécimens : 1ᵉʳ, de chaque côté, Éc., 19+7 ; 2ᵉ, côté droit, Éc., 19+7, côté gauche, Éc., 19 + 6 ; 3°, côté droit, Éc., 19 + 7, côté gauche, Éc., 20 + 7. Ces écailles ont été dessinées d'une façon assez exacte sur la figure donnée par Aldrovande. Dans toutes ces écailles, excepté sur la dernière, on voit sur leur partie émergente le canal latéral se partager en canaux secondaires, qui eux-mêmes donnent naissance à des divisions plus ou moins nombreuses, faisant à la surface de chacune des écailles une saillie plus ou moins marquée. Sur la dernière écaille, le canal se continue directement jusqu'à la pointe et donne de chaque côté des canaux secondaires, qui tantôt en fournissent de nouveaux, tantôt se terminent sans se subdiviser ; l'extrémité de ces divers canaux reste toujours ouverte. Les écailles garnissant le corps sont au nombre de vingt-deux à vingt-quatre dans une ligne longitudinale ; elles sont développées, molles ; leur bord libre est à peu près arrondi ou bien en angle mousse. La dernière écaille de la ligne latérale proprement dite est fort allongée, presque triangulaire ; détachée, elle ressemble un peu à une feuille de myrte ; elle se termine sur les rayons médians de la caudale. Éc., l. long., 22 à 24 ; l. transv., $\frac{2}{6} + 1 = 9$.

La dorsale est longue, sa base mesurant environ la moitié de la longueur totale ; elle commence au-dessus de l'angle du battant operculaire et finit dans le même plan que l'anale ; elle est régulière ; ses rayons mous sont un peu plus élevés que les aiguillons ; elle compte neuf épines et dix rayons articulés. L'anale prend naissance sous les derniers aiguillons de la dorsale ; elle a deux épines grêles et généralement neuf rayons mous. Le tronçon de la queue est à peu près carré. La base de la caudale est cachée sous les écailles, trois de chaque côté ; l'écaille médiane, sur laquelle se termine la ligne latérale, est triangulaire, comme nous l'avons dit, elle est très développée ; elle recouvre la partie interne de deux autres écailles ; la nageoire est coupée carrément. La pectorale, insérée sur une large base, s'ouvre en éventail ; elle a le bord postérieur légèrement arqué. La ventrale s'attache un peu plus en arrière que la pectorale, elle est moins longue ; à son bord externe est une écaille triangulaire ;

lorsque les deux nageoires sont rapprochées l'une de l'autre, leur bord interne est caché en avant sous une espèce de petit plastron écailleux.

Br. 5. — D. 9/10; A. 2/9; C. 3 à 5/13 ou 14/5 à 3; P. 12; V. 1/5.

Chez les sujets conservés, la teinte est d'un brun rougeâtre.

Habitat. Méditerranée, Nice, très rare; Marseille, excessivement rare, où le professeur Gulia en a trouvé un spécimen en 1888. Le professeur Steindachner, dans son Ichthyologie de l'Espagne et du Portugal, cite un spécimen pris à Valence. Le Scare vu par M. Gulia sur le marché de Marseille a-t-il bien été capturé par les pêcheurs de la localité? n'a-t-il pas été apporté d'Algérie? En décembre 1889, le Prof. Marion a eu l'amabilité de m'envoyer un très beau Denté : *Dentex Maroccanus*, expédié d'Algérie avec le poisson destiné à l'approvisionnement de Marseille. Dernièrement, en 1890, un magnifique spécimen de Callionyme phaéton, *C. phaeton*, venant probablement aussi de notre colonie africaine, a été trouvé sur le marché de Marseille.

Proportions : long. totale, 0,196; tronc, haut. 0,058, épais. 0,022.

Tête, long. 0,049, haut. 0,062. — Œil, diam. 0,010, esp. préorbit. 0,017, esp. interorbit, 0,010. — Mâchoire supérieure, long. 0,013.

Caudale, long. 0,023; pect. long. 0,035; ventrale, long. 0,025. — Dorsale, haut. à la cinquième épine, 0,012, long. 0,096; anale, haut. 0,017, long. 0,041.

La conformation particulière des mâchoires et leur mobilité due au singulier mode d'articulation de la mâchoire inférieure sur l'angulaire devenu ici un os détaché explique comment le Scare peut donner à sa mâchoire un mouvement de va-et-vient, qui peut être fort bien comparé au mouvement de rumination des Mammifères (V. CV., t. XIV, p. 152).

Dans son ensemble, le squelette de la tête du Scare a beaucoup d'analogie avec celui des Labres proprement dits. La plus grande différence, qui se remarque, est dans le mode d'articulation de la partie antérieure de la mâchoire inférieure, ou plutôt du dentaire avec l'articulaire et avec le maxillaire supérieur, mais quand on examine avec soin les relations anatomiques, il devient facile de voir que la différence n'est pas aussi extraordinaire qu'elle le paraît au premier abord. Les pièces composant l'aile temporale sont identiques à celles de la plupart des Poissons acanthoptérygiens, elles ont la même configuration, les mêmes rapports. L'hypotympanique se joint de la façon habituelle à l'articulaire; mais ce dernier reste mobile, et sa pointe antérieure, au lieu d'être cachée, enfoncée dans le sinus dentaire, est libre, ou plutôt elle se porte dans une espèce de fossette du dentaire, fossette incomplète dont la paroi externe manque; cette disposition peut laisser au dentaire une certaine mobilité sur l'articulaire. De plus le bord postérieur et supérieur du dentaire porte une dépression dans laquelle glisse l'extrémité postérieure du maxillaire supérieur. Le

bord antérieur de chaque dentaire est entamé d'échancrures dans lesquelles s'engagent les saillies de l'os du côté opposé, saillies presques triangulaires, à pointe portée en dedans et un peu en avant. Le bord libre des
mâchoires est formé par des couronnes de dents soudées les unes aux autres, aplaties, tranchantes; en regardant avec attention, on peut, sur des
pièces sèches, compter le nombre des dents qui sont en bordure.

Les pharyngiens inférieurs sont réunis en une plaque oblongue à grand
diamètre transversal; cette plaque est une véritable mosaïque, constituée
à la partie libre par des couronnes de dents, ou des pièces rectangulaires
beaucoup plus longues que larges, et agencées de façon à ce que le milieu
d'une couronne soit opposé à l'intervalle séparant deux couronnes placées
devant ou derrière. La première rangée ou la rangée antérieure est, sur le
sujet que j'étudie, composée de deux couronnes, la deuxième de trois, la
troisième de quatre; la dernière rangée, qui est la onzième, m'a paru
formée de six dents. Les pharyngiens supérieurs sont presque triangulaires; la base du triangle est tournée en arrière; le bord supérieur est
courbe, il se loge dans une fossette de la base du crâne; le bord inférieur
porte des dents placées comme des briques de champ et disposées sur
trois rangées; les dents de la série externe sont beaucoup plus étroites que
celles des autres séries. Le sphénoïde présente une disposition particulière,
il est, à la partie reculée de sa base, creusé de deux sillons longitudi-
naux dans lesquels se meuvent les condyles des pharyngiens supérieurs;
les pharyngiens supérieurs ne s'articulent pas avec le basi-occipital, ainsi
que l'indique Günther (V. Günth., t. IV, p. 209), ce qui vraiment serait une
singulière anomalie dans les rapports anatomiques.

L'ATHÉRINE PRÊTRE — *ATHERINA PRESBYTER.*

T. III, p. 207.

M. Steindachner regarde l'*Atherina presbyter* comme étant l'adulte de
de l'*Atherina Boyeri*; V. Steind., *Ichth. Ber. Span. u. Portug. Reise*, VII. Forts.,
dans *Sitz. k. Akad. Wissensch.*, Wien, 1868, t. LVII, p. 677.

Il est impossible d'accepter une semblable opinion. L'*A. Boyeri* est une
espèce nettement déterminée; elle est relativement méridionale, excessivement rare dans l'Océan au-dessus de la Gironde; pour moi je ne l'ai jamais trouvée plus haut. Quant à l'*Atherina presbyter*, elle s'avance beaucoup plus loin dans le Nord; elle est plus ou moins abondante sur toutes
nos côtes de l'Ouest; elle se pêche en grande quantité de juillet à septem-
bre dans la plupart de nos ports de la Manche; elle est excessivement commune dans nos îles de l'Océan; à Noirmoutiers, durant l'été, on trouve,
dans les marais salants, des bandes compactes d'*A. presbyter*, jeunes et
adultes; les jeunes sont toujours faciles à distinguer de l'*A. Boyeri*.

Suivant M. Günther : *The young (Atherina) for some time after they are hatched, cling together in dense masses, and in numbers almost incredible. The inha-
bitants of the Mediterranean coast of France call these newly hatched Atherines*

« Nonnat », Günth., *Introd. Stud. Fish.*, Edinb., 1880, p. 500. Ces *Nonnats*, loin d'être des Athérines nouvellement nées, comme le suppose M. Günther, sont au contraire les adultes d'une espèce tout à fait différente, de l'Aphye pellucide, *Aphya pellucida* (V. notre t. II, p. 238).

L'AMMODYTE CICERELLE.

T. III, p. 219.

Syn. : Ammodytes semisquamatus, S. Jourdain.

M. S. Jourdain a publié, dans la *Revue des Sciences naturelles de Montpellier*, une notice sur les *Ammodytes des côtes de la Manche*. Outre les deux espèces dont le Dr Lesauvage a nettement indiqué les caractères différentiels, M. Jourdain en décrit une troisième, l'*Ammodytes semisquamatus*. La nouvelle espèce que nous proposons, dit l'auteur, est parfaitement distincte des deux précédentes (*A. tobianus, A. lanceolatus*). Elle est plus rare. Les pêcheurs de Saint-Malo, qui la recherchent beaucoup comme appât, la nomment communément *Jolivet*. A en juger par la description que Günther donne de l'*Ammodytes siculus* de Swainson, elle est très-voisine de l'espèce méditerranéenne. Nous n'avons pu comparer nos spécimens à ceux du *British Museum*, mais nous ne serions pas surpris qu'il y eût identité (S. Jourdain). — La question d'identité entre l'espèce de la Méditerranée et celle de Saint-Malo méritait d'être examinée avec soin et nécessitait une solution qui pouvait se faire attendre encore trop longtemps ; sur ma demande, le professeur Vaillant eut l'obligeance de faire venir de Saint-Malo un grand nombre de *Jolivets* qu'il mit à ma disposition, ce dont je lui suis fort reconnaissant. L'examen de ces spécimens m'a démontré leur parfaite identité avec l'Ammodyte de la Méditerranée. Ainsi que l'avait soupçonné M. Jourdain le *Jolivet* est l'*A. cicerellus*. Nous félicitons M. Jourdain d'avoir appelé l'attention sur cet Ammodyte qui semble avoir des habitudes différentes de celles de l'Equille et du Lançon, et qui probablement est capturé d'une autre manière. — M. Steindachner paraît avoir éprouvé le même embarras que M. Jourdain à propos de la détermination de l'Ammodyte qu'il a trouvé en Espagne : *Ammodytes siculus*, Swains. (?) *an nova species?* La figure ne laisse aucun doute, elle est celle de l'*A. cicerellus*, V. Steindachn., *Ichth. Ber. Span. u. Portug. Reise*, VII. Forts., dans *Sitz. k. Akad. Wissensch.*, Wien, 1868, t. LVII, p. 712, pl. II, fig. 3.

GENRE FIÉRASFER.

T. III, p. 226.

Ce genre compte deux espèces.

Mâchoires ayant à leur extrémité des dents en { cardes .. 1. F. imberbe.
{ crochets. 2. F. denté.

LE FIÉRASFER DENTÉ — *FIERASFER DENTATUS*.

Syn. : Ophidium dentatum, Cuv., *Règ. an.*, 2ᵉ édit., Paris, 1829, t. II, p. 359, *Règ. an. ill.*, p. 327.

Echiodon Drummondii, Thompson, Will., dans *Proc. zool. Soc. Lond.*, 1837, p. 55, dans *Trans. zool. Soc.*, t. II, p. 207, pl. 38, et dans *Nat. Hist. Ireland*, t. IV, p. 231; CBp., *Cat.*, p. 41, n° 342.

Fierasfer dentatus, CBp., *Cat.*, p. 41, n° 343; Kaup, *Cat. apod. Fish.*, p. 158; Günth., t. IV, p. 383; Giglioli, *Cat. Pesc. ital.*, p. 97, n° 302; Day, *Fish. Gr. Brit. Ireland*, t. I, p. 328, pl. 91, fig. 2; Perugia, *Elenc. Pesc. Adriat.*, p. 38, sp. 161.

Drummond's Fierasfer, Yarr., t. I, p. 82; Couch, t. III, p. 133.

Long. : 0,10 à 0,15, quelquefois plus.

Dans la seconde édition du Règne animal, Cuvier dit, en parlant des Fiérasfers : « La Méditerranée en a un à dents en velours et un autre qui porte à chaque mâchoire deux dents en crochets. » — C'est de ce dernier que nous allons donner une courte description.

Son corps est mince, effilé, très allongé; la hauteur du tronc paraît très variable, elle est contenue de quatorze à vingt et une fois dans la longueur totale. La peau est lisse et nue. L'anus est au-dessous ou un peu en arrière de la base de la pectorale.

La tête est assez comprimée; sa longueur est comprise de huit à neuf fois et demie dans la longueur totale. Le museau est obtus. La bouche est grande, sa fente s'étend jusque vers le prolongement du diamètre vertical de l'œil. La mâchoire supérieure est plus avancée que la mandibule. En général, chacun des intermaxillaires est armé en avant d'une longue dent crochue; il est garni sur les côtés de fort petites dents, courtes, en velours ou en cardes très fines. La mandibule porte à son extrémité et de chaque côté une dent forte, crochue, semblable à celle de l'intermaxillaire; le bout de la mandibule se relève en pointe, dans l'intervalle qui sépare les deux crochets, et semble former une troisième dent, un peu moins longue, moins recourbée que les deux premières dents latérales; en arrière, elle est munie de petites dents courtes, semblables à celles de la mâchoire supérieure. En haut comme en bas, il existe un léger intervalle séparant les crochets des petites dents, ce qui donne à la bouche une certaine ressemblance avec celle de quelques

Ophidiens, ainsi que le rappelle le nom de sous-genre, *Echiodon*, créé par Thompson. Le nombre des crochets n'est pas toujours limité au nombre de quatre ; il est assez variable ; il y en a quelquefois huit, parfois six ; Kaup en a donné la formule suivante : $\frac{1-2}{1-1}$, $\frac{2-1}{2-2}$, $\frac{1-1}{2-2}$, $\frac{1-1}{1-1}$. Il est probable que le nombre normal de crochets est de quatre ; lorsqu'il y en a davantage, cela provient de la coexistence de la dent de remplacement et de celle qui doit tomber. Le maxillaire supérieur dépasse en arrière le bord postérieur de l'orbite ; son extrémité forme une petite palette légèrement élargie. Le vomer fait dans la bouche uue saillie très prononcée ; il est couvert de petites dents ; les dents médianes paraissent un peu plus longues et plus fortes que les autres.

L'œil occupe une grande partie de la hauteur de la face ; son diamètre mesure le cinquième de la longueur de la tête, la moitié de la hauteur ; il est égal à l'espace préorbitaire, plus grand que l'espace interorbitaire. L'iris est argenté.

En avant de l'œil se voient les orifices des narines ; l'orifice externe, rapproché de l'orbite, est ovale ; il est plus grand que l'autre.

La fente branchiale est très grande. Le battant operculaire décrit en arrière une demi-ellipse à diamètre vertical plus court que le diamètre longitudinal ; il porte à son bord postérieur un prolongement aigu dont l'extrémité, légèrement crochue, semble tournée en dedans.

Dans l'espace qui sépare la tête de la dorsale, il existe, du moins chez le sujet que j'examine, trois petites épines, à pointe dirigée en arrière ; la première est au-dessus de la fente branchiale à 0,014 du bout du museau ; la troisième est au-dessus de l'anus ; ces épines ne semblent nullement des rayons brisés de la dorsale ; elles sont beaucoup plus grosses que les tiges formant les rayons de la nageoire, elles répondent plutôt à des interépineux dont les pointes font saillie à travers la peau. La dorsale commence généralement un peu plus en arrière que l'anale et par conséquent après la base de la pectorale ; il y a très probablement une faute d'impression dans la description de

Francis Day, où il est dit que la dorsale naît légèrement en avant
de la base de la pectorale. La dorsale et l'anale se réunissent en
arrière, se confondent en une espèce de caudale, à rayons médians plus allongés que les autres, formant une espèce de pointe.
Les pectorales sont assez courtes ; elles ont une quinzaine de
rayons ; sur un sujet, je compte quinze rayons à la pectorale
droite, seize à l'autre. Les nageoires impaires sont soutenues
par 370 à 372 rayons, distribués ainsi d'après Thompson :

D. 180 ; A. 180 ; C. 12 ; — P. 15 ou 16.

La teinte générale est rougeâtre. Le battant operculaire est
argenté.

Habitat. Méditerranée, Nice, très rare.
Proportions : long. totale, 0,128, tronc, haut. 0,006, épais. 0,004.
Tête, long. 0,015. — Œil, diam. 0,003 ; esp. préorbit. 0,003, esp. inter-
orbit. 0,0015. — Mâchoire supérieure, long. 0,0077.
Dorsale, long. 0,105 ; anale, long. 0,109 ; pectorale, long. 0,007.

Famille des Gadidés.

T. III, p. 230.
Deux espèces nouvelles ont été trouvées sur nos côtes, le Gadicule ou
plutôt le Merlan argenté et le Physicule de Dalwigk.
La première espèce est du genre Merlan et par conséquent de la sous-
famille des Gadiniens (t. III, p. 230), dont il faut ainsi modifier le caractère : **Tête ;** dents sur les mâchoires et généralement sur le vomer.

GENRE MERLAN.

Il se compose de cinq espèces.

Diamètre de l'œil plus { petit que l'espace préorbitaire.
                        { grand que l'espace préorbitaire.   5. M. ARGENTÉ.

LE MERLAN ARGENTÉ — *MERLANGUS ARGENTEUS*.

Syn. : GADICULE ARGENTÉ, Gadiculus argenteus, Guichen., *Expl. sc. Algér. Poiss.*,
p. 102, pl. 6, fig. 2.
GADICULUS ARGENTEUS, Günth., t. IV, p. 311 ; Giglioli, *Cat. Pesc. ital.*, p. 96, nᵒ 282.
GADUS ARGENTEUS, Bellotti, *Note ill.*, Estr. *Atti, Soc. ital. Sc. nat.*, Milan., 1879,

t. XXII, p. 4, et *Sul Gadiculus argenteus, Guich., loc. cit.*, p. 1 ; Günth., *Challeng.*
Deep-Sea Fish., t. XXII, p. 83.

MERLANGUS ARGENTEUS, Vaill., *Exp. sc. Trav. et Talism.*, p. 302, pl. 23, fig. 7-7ᵃ, Sagitta, pl. 26, fig. 5, terminaison de la colonne vertébrale.

Long. : 0,06 à 0,12, rarement plus.

Parmi les Poissons capturés aux environs d'Alger, Guichenot a distingué
un Gade de taille fort exiguë, auquel il a donné le nom de *Gadicule argenté* ;
il considérait même ce Poisson comme le type d'un genre nouveau, différant du genre Merlan par l'absence de dents sur le vomer. Plus tard,
M. Cr. Bellotti a fait observer que, chez les spécimens trouvés par lui sur
le marché de Naples, le chevron du vomer porte de chaque côté un groupe
de dents aiguës, très petites, et qu'en raison de ce caractère l'espèce de
Guichenot doit être rapprochée de *Gadus pollachius*, Lin. ; le professeur
Vaillant l'a rangée dans le genre *Merlangus*, ce qui est effectivement sa
place naturelle.

Le corps de ce petit Merlan est allongé, légèrement comprimé ;
de la tête au commencement de la troisième dorsale, le profil du
dos est presque droit, il s'infléchit légèrement sous la troisième
dorsale jusqu'à la moitié du tronçon de la queue, puis remonte
doucement vers l'insertion de la caudale. Le profil du ventre
est, ou peu s'en faut, régulièrement convexe jusque vers le milieu du tronçon de la queue, puis s'abaisse graduellement avant
la base de la caudale, de façon que l'extrémité du tronçon de la
queue est un peu élargi, spatuliforme en quelque sorte. La hauteur du tronc, qui l'emporte d'un tiers environ sur l'épaisseur,
semble varier beaucoup suivant la taille des animaux, elle est
comprise de quatre fois à six fois et demie dans la longueur
totale, elle est deux fois et demie à trois fois plus grande que la
hauteur du tronçon de la queue. L'anus est placé sous la fin de
la première dorsale ou à peine en arrière, à peu près vers le
milieu de la longueur totale. Les écailles sont très-caduques,
fort minces, de moyenne grandeur.

La tête est assez forte ; sa longueur est comprise de trois à
quatre fois dans la longueur totale. La bouche s'ouvre largement ; sa fente est oblique de haut en bas et d'avant en arrière.
La mâchoire supérieure est moins avancée que la mandibule ;
elle dépasse un peu en arrière le bord antérieur de l'orbite,

quand la bouche est close ; elle est en avant creusée d'une
échancrure dans laquelle vient se loger l'extrémité de la mandibule lorsqu'elle est relevée. La muqueuse de la bouche est
pâle ; la langue est bien détachée, libre dans une certaine étendue. Les mâchoires sont garnies de petites dents pointues, égales, rangées en plusieurs séries ; les dents de la mandibule sont
plus crochues que celles de la mâchoire supérieure. Suivant
Guichenot, le vomer est lisse ; MM. Bellotti et Vaillant ont
constaté la présence des dents sur le vomer de plusieurs spécimens ; de mon côté, j'ai parfaitement distingué, sur le vomer
d'un jeune individu, les dents qui m'ont paru affecter la même
disposition que chez le Merlan commun ; elles sont crochues,
parfois il y en a deux relativement plus grandes que les autres ;
les dents vomériennes sont évidemment caduques.

L'œil est arrondi, très grand ; son diamètre est compris deux
fois et quart à deux fois et trois quarts dans la longueur de la
tête ; il est d'un tiers au moins plus grand que l'espace préorbitaire qui, chez les jeunes, est à peu près égal à l'espace interorbitaire. L'orbite a le bord supérieur fort saillant, très relevé ;
une crête médiane va de l'espace interorbitaire au bout du
museau.

Les branchies sont largement ouvertes ; leur fente s'étend,
sous la gorge, jusque vers le prolongement du diamètre vertical
de l'œil. Les pièces operculaires sont argentées.

De la ceinture scapulaire jusque sous la troisième dorsale,
la ligne latérale décrit une légère courbure à convexité supérieure, puis devient droite sur le tronçon de la queue jusqu'à
la base de la caudale.

Il est assez difficile de compter d'une manière absolument
exacte le nombre des rayons soutenant les dorsales et les anales,
d'ailleurs ce nombre semble assez variable ; la première dorsale,
qui est la moins longue des trois, compte de neuf à douze rayons ;
la seconde, qui est la plus longue, paraît composée de quatorze
à dix-sept rayons. La caudale est arrondie ou plutôt ovale, elle a
une vingtaine de grands rayons, plus sept ou huit rayons basilaires

en dessus comme en dessous. Les nageoires paires sont à peu
près de même longueur; les pectorales ont une quinzaine de
rayons; les ventrales en ont six, comme chez la plupart des autres Merlans.

D. 9 à 12 — 14 à 17 — 15 ou 16; A. 17 ou 18 — 15; C. 7 ou 8/20 ou 21/8 ou 7;
P. 14 ou 15; V. 6.

Suivant le professeur Vaillant, la coloration est rosée, sauf le
ventre et les joues qui sont argentés. Les nageoires sont grisâtres, transparentes.

Habitat. Méditerranée, excessivement rare, Nice.
Proportions : long. totale 0,087; tronc, haut. 0,023, épais. 0,014.
Tête, long. 0,028, haut. 0,022. — Œil, diam. 0,013 ; esp. préorbit. 0,007;
esp. interorbit. 0,008. — Mâchoire supérieure, long. 0,014.
Nageoires : long. première dorsale 0,010, deuxième dorsale 0,014, troi-
sième dorsale 0,011 ; caudale, 0,007 ; pectorale 0,010 ; ventrale 0,011.
Je dois à l'obligeance du professeur Vaillant, qui a eu l'amabilité de me
les offrir, les divers spécimens ayant servi à mon étude.
Il me semble nécessaire de présenter quelques observations relativement
aux opinions émises par M. Steindachner sur l'identité spécifique de certains
Gades, qui jusqu'alors avaient été regardés comme des types particuliers,
bien nettement déterminés. — D'après ce naturaliste, le *Gadus minutus*,
Linné, est le jeune du *Gadus luscus*, Linn.; il est impossible d'admettre cette
manière de voir : d'abord il y a des spécimens de *G. minutus* de grande taille
et des spécimens de *G. luscus* de taille exiguë, ensuite, sans parler de caractères différentiels trop longs à énumérer, qu'il suffise de rappeler que
chez le *G. minutus*, la première anale est complètement séparée de la seconde, tandis que les deux nageoires sont unies par une membrane chez le
G. luscus; pour mon compte je n'ai jamais trouvé de *G. minutus* sur nos
côtes de l'Ouest, et je n'ai jamais vu qu'un spécimen unique de *G. luscus* à
Cette, où le *G. minutus* est excessivement commun; ce sont des espèces
distinctes, ainsi que le démontre l'anatomie. — Dans la synonymie du *Gadus
merlangus*, Linn., M. Steindachner indique le *Gadus euxinus*, Nordm.; comment se fait-il que le *G. merlangus* n'ait jamais de barbillon à la mâchoire
inférieure et que le *G. euxinus* en soit toujours pourvu? M. Steindachner
considère sans doute ce barbillon comme un signe de trop peu d'importance pour en faire un caractère spécifique (V. Steindachner, *Ichth. Ber.
Span. u. Portug. Reis.*, VII. Forts., dans *Sitz. k. Akad. Wissensch.*, Wien, 1868
t. LVII, p. 703-704). — Le Merlan commun est plutôt un poisson du nord,
il est rare sur les côtes du Portugal, entre fort rarement dans la Méditerranée : à ma connaissance, un seul spécimen a été pêché à Cette en 1882.

Sous-famille des Lotiniens.

T. III, p. 255.

Le genre Physicule doit être rapporté à la sous-famille des Lotiniens dont il devient nécessaire de modifier le caractère de la dentition du vomer.

Tête... dents sur les mâchoires et le plus souvent sur le vomer.

Quatre genres :

Vomer { denté.................................. \
{ non denté............................... 4. PHYSICULE.

GENRE PHYSICULE — *PHYSICULUS*, Kaup.

Corps allongé, couvert de petites écailles lisses; anus avancé.

Tête forte; dents sur les mâchoires, pas sur le vomer.

Appareil branchial; sept rayons branchiostèges.

Nageoires; deux dorsales; la première courte; la seconde longue ainsi que l'anale; ventrales étroites.

LE PHYSICULE DE DALWIGK — *PHYSICULUS DALWIGKII.*

Syn. : PHYSICULUS DALVIGKII, Kaup, dans *Wiegm. Arch.*, 1848, t. I, p. 88; Günth., t. IV, p. 348 et *Challeng.*, t. XXII, p. 88; Giglioli, *Cat. Pesc. ital.*, p. 90, n° 287; Vaill., *Exp. sc. Trav. et Talism.*, p. 290, pl. 25, fig. 3, anim., 3ª Sagitta.

Long. : 0,18 à 0,25.

Chez les sujets de grande taille, la hauteur du tronc est comprise cinq fois et quart à cinq fois et demie dans la longueur totale, et de six fois et demie à sept fois chez les spécimens de moyenne dimension. Le corps est régulier; à partir de l'anus jusqu'à la base de la caudale, il va diminuant d'une façon graduelle; la ligne du dos et celle du ventre vont se rapprochant, et, sur la partie libre de la queue, la distance qui les sépare ne fait guère que le huitième de la plus grande hauteur du tronc, qui est vers le commencement de la seconde dorsale. De cette nageoire à la tête, le profil supérieur s'abaisse peu sensiblement. La peau est couverte de petites écailles, lisses, oblongues, dont la partie visible ou postérieure ne mesure guère que le tiers de la longueur,

surtout dans les écailles qui protègent la région abdominale.
L'anus est au-dessous du commencement de la première dorsale,
il est assez en avant de l'origine de l'anale.

D'un tiers environ moins haute que longue, la tête est d'une
longueur comprise environ quatre fois et demie dans la longueur
totale ; elle est aplatie en dessus, de sorte qu'elle a une hauteur
peu différente de sa largeur ; elle est garnie d'écailles, excepté
peut-être vers le bout du museau et sur les lèvres ; on aperçoit,
sous la peau de l'espace préorbitaire, des écailles finement dessinées. Le museau est aplati, saillant. La mâchoire supérieure
recouvre la mandibule jusqu'à la commissure des lèvres. Quand
la bouche est fermée, la tête, vue de face, ressemble tout à fait à
celle d'une Grenouille. La fente de la bouche est presque transversale. Les mâchoires sont garnies de dents en velours ou en
cardes très fines. Il n'y a pas trace de dents sur le vomer. La
langue est large, aplatie, à bord libre aminci, convexe. Sous la
symphyse de la mandibule est un barbillon d'une longueur à
peu près égale aux deux tiers de celle du diamètre de l'œil.

L'œil est grand, placé très haut, et même l'orbite entame le
côté de l'espace interorbitaire ; son diamètre fait presque le
tiers de la longueur de la tête, il est au moins égal à l'espace préorbitaire et un peu plus grand que l'espace interorbitaire.

Les orifices de la fossette olfactive sont rapprochés de l'œil ;
ils se trouvent en quelque sorte vers le point de jonction du bord
postérieur de l'orbite.

Quant aux branchies, elles sont largement ouvertes ; la fente
commence en bas, sous l'aplomb du bord postérieur de l'orbite,
et remonte du côté de l'épaule jusque vers le prolongement du
diamètre horizontal de l'œil. Les arcs branchiaux sont au nombre de sept. Les membranes branchiostèges se réunissent sous
la gorge et recouvrent l'isthme du gosier. Les pièces operculaires
ne sont pas distinctes ; elles sont cachées sous une peau garnie
de petites écailles.

Un peu au-dessus de la fente branchiale, commence la ligne

latérale ; elle est assez peu marquée, elle semble plutôt une
ligne d'insertion musculaire ; elle dessine en avant une courbe
très longue mais assez faible, puis se rend directement au milieu
de la base de la caudale.

La première nageoire du dos, qui est presque triangulaire,
commence au-dessus ou à peine en arrière de la base des pectorales ; elle est soutenue par sept rayons. Immédiatement après
vient la seconde dorsale, qui s'étend jusque sur le tronçon de la
queue ; son insertion finit à peine plus en arrière que celle de
l'anale ; ses derniers rayons, plus allongés que les précédents,
arrivent, lorsqu'ils sont inclinés, sur la base de la caudale ; leur
extrémité dépasse d'une façon sensible la pointe des rayons de
l'anale. Sur un spécimen de grande taille, dont il est facile par
conséquent de bien distinguer les rayons, je compte soixante-
cinq rayons à la seconde dorsale et soixante-huit à l'anale. La
caudale est assez étroite, arrondie, formée de vingt-deux à vingt-
quatre rayons ; ceux du milieu, lorsque la nageoire n'est pas dé-
ployée, sont visiblement plus allongés que les autres. Les pectorales ont une vingtaine de rayons, de vingt à vingt-trois, en tenant
compte des petits qui sont en bas. Les ventrales sont insérées
sous la gorge ; la distance qui sépare chacune d'elles de la pectorale correspondante est à peu près égale à celle qui sépare la
pectorale du profil du dos ; la nageoire est très effilée ; elle est
composée de deux longs rayons et de trois autres beaucoup plus
courts ; le deuxième rayon, en comptant de dehors en dedans,
est le plus développé.

   Br. 7. — D. 7 — 64 à 67 ; A. 68 à 72 ; C. 22 à 24 ; P. 20 à 23 ; V. 5.

Le système de coloration est un marron plus ou moins foncé.
La partie inférieure de l'abdomen est noirâtre, ainsi que la gorge
et la base de la pectorale. Les dorsales ont la teinte générale,
avec une bordure noirâtre plus ou moins nette ; l'anale est grisâtre ou d'un brun assez clair avec une bordure noirâtre bien marquée ; la caudale est grisâtre dans sa partie médiane, noirâtre
sur les bords ; la pectorale est d'un blanc assez pâle chez les

jeunes individus, grisâtre chez les adultes; la ventrale paraît d'un brun marron.

Habitat. Méditerranée, Nice, très rare.

Proportions : long. totale 0,227; tronc, haut. 0,042, épais. 0,034.

Tête, long. 0,050, haut. 0,032, larg. 0,036. — Œil, diam. 0,016, esp. préorbit. 0,014, esp. interorbit. 0,013. — Mâchoire supérieure, long. 0,024. — Barbillon, long. 0,010.

Caudale, long. 0,024; pectorale, long. 0,031; ventrale, long. 0,027. — Première dorsale, haut. 0,020, long. 0,012; seconde dorsale, haut. 0,018, long. 0,124; anale, haut. 0,012, long. 0,122.

Distance du museau à : première dorsale 0,058 ; seconde dorsale 0,071 ; anus 0,060; anale 0,072.

GENRE CHONDROSTOME.

T. III, p. 429.

LE CHONDROSTOME DE GENÉ — *CHONDROSTOMA GENEI*, CBp.

Syn. : Leuciscus Genei, CBp., *Fn. ital.*, pl. 114, fig. 2, pl. 116, fig. 1 (*junior*).

Chondrostoma jaculum, Filip., *Cenni sui pesci d'agua dolce*, p. 11, Estr. dalle notizie naturali e civili sulla Lombardia, Milano, 1844, t. I.

Chondrostoma Genei, CBp., *Cat.*, p. 28. n° 170; Heckel et Kner, *Süsswasserfische Oestreich. Monarch.*, Leipz., 1858, p. 220, fig. 126, Anim., fig. 127, tête vue en dessous; Betta, *Ittiologia veronese*, Verona, 1862, p. 95; Siebold, *Süsswasserfische Mitteleuropa*, Leipz., 1863, p. 230, fig. 40, tête vue en dessous, fig. 41, dents pharyngiennes; Canestr., *Archiv. Zool. Anat.*, Modena, 1866, t. IV, fasc. 1, p. 122, *Fn. Ital.*, p. 19; Günth., t. VII, p. 273; Gigl., *Cat. Pesc. ital.*, p. 105, n° 416.

Long. 0,14 à 0,20 et même 0,31 et 0,32 de Betta.

Voulant rappeler les formes élancées de ce Chondrostome, de Filippi lui a donné l'épithète de *jaculum*. La hauteur du corps, qui fait presque le double de l'épaisseur, est comprise cinq fois et trois quarts à six fois dans la longueur totale.

En général, la longueur de la tête est à peu près égale à la hauteur du tronc. Le museau est obtus, proéminent, légèrement arrondi sur les côtés. La bouche est étroite ; sa largeur est moindre que la longueur du diamètre de l'œil : la commissure dépasse à peine en arrière le milieu de l'espace préorbitaire.

Le diamètre de l'œil est contenu trois fois et demie à quatre fois dans la longueur de la tête; il est à peu près égal à l'espace préorbitaire, et ordinairement d'un quart ou d'un tiers moins grand que l'espace interorbitaire, qui est légèrement bombé.

Un peu en avant de l'œil sont les orifices de la narine; l'orifice postérieur est presque sur la ligne prolongée du bord supérieur de l'orbite.

Le bord postérieur de l'opercule est légèrement échancré; le bord inférieur semble plus oblique que dans le Chondrostome nase. Les dents pharyngiennes sont généralement au nombre de cinq; parfois il s'en trouve six d'un côté et cinq de l'autre; les dents ont avec celles du Chondrostome nase une telle ressemblance qu'il serait fort difficile de les distinguer les unes des autres; l'extrémité supérieure de l'apophyse montante des pharyngiens paraît plus longue et moins oblique, formant avec le bord externe de l'apophyse un angle moins obtus que chez le Nase.

La ligne latérale décrit une courbe à concavité tournée en haut; entre elle et la ventrale il existe généralement une série de cinq ou six écailles; ses écailles semblent relativement plus longues et moins larges que celles de la ligne latérale du Nase. Écail., l. long. 52 à 57; l. transv. $\frac{8 \text{ ou } 9}{5 \text{ ou } 6} + 1 = 14$ à 16.

Chez les sujets de même taille, les nageoires en général, surtout la dorsale et l'anale, paraissent plus développées que chez le Nase. La dorsale a fort peu moins de hauteur que le tronc, elle est élevée par conséquent; son bord supérieur est légèrement échancré. L'anale a les rayons antérieurs allongés, et le bord libre ou inférieur faiblement concave. La caudale est presque fourchue; son échancrure forme une espèce de V. La pectorale est moins longue que la tête; sa pointe, sur le sujet que j'examine, arrive vers la quinzième écaille de la ligne latérale proprement dite. La ventrale a son insertion à peine en avant de l'origine de la dorsale.

D. 3/8 ou 9; A. 3/8 à 10; C. 4/17 ou 18/4 ou 3; P. 1/14 ou 15; V. 2/8.

La teinte générale est d'un gris assez pâle sur le dos, d'un blanc argenté sur les flancs et le ventre; suivant Canestrini, le long des flancs s'étend une bande grisâtre parfois très distincte, parfois peu visible ou même manquant. La dorsale et la caudale sont d'un gris pâle; les autres nageoires paraissent d'un jaune très clair.

Habitat. Var.

Proportions : long. totale 0,165; tronc haut. 0,028, épaiss. 0,015.

Tête, long. 0,027 haut. 0,020. — Œil, diam. 0,008, esp. préorbit. 0,008, esp. interorbit. 0,011. — Mâchoire supérieure, long. 0,008.

Caudale, longueur 0,032: pectorale, long. 0,025 ; ventrale, long. 0,021. — Dorsale, haut. 0,025, long. 15; anale, haut. 0,021, long. 0,014.

Un exemplaire de son travail sur les Poissons de la Lombardie, offert par de Filippi à Valenciennes, porte à la dernière page une note écrite de la main de l'auteur ainsi conçue : Le prince de Canino vient de reconnaître dans mon *Chondrostoma jaculum* son *Leuciscus Genei*; cette espèce, par un changement réciproque, sera donc appelée *Chondrostoma Genei*, nob. — L'identité spécifique est-elle bien établie ? C'est fort douteux ; la description du *Ch. jaculum*, faite par de Filippi, ne peut guère s'appliquer aux figures de la Faune italienne, pas plus du reste qu'à la diagnose donnée par C. Bonaparte. — D'ailleurs le *Ch. jaculum*, Filip., est-il une espèce nettement déterminée ? Ne serait-il pas une simple variété de *Ch. nasus* ? Suivant de Filippi, l'anale du *Ch. jaculum* diffère de celle du *Ch. nasus* en ce qu'elle a constamment trois rayons de moins; cette différence dans le nombre des rayons n'est pas un caractère de grande valeur ; chez certains spécimens de *Ch. nasus*, l'anale n'a que douze rayons. D'après Günther, la pectorale, chez le *Ch. Genei*, finit à la treizième écaille de la ligne latérale, tandis que chez le *Ch. nasus* elle s'étend jusqu'à la quatorzième écaille de la ligne latérale. Quant à la présence ou à l'absence de la bande longitudinale plus ou moins foncée, s'étendant sur les côtés, elle ne fournit pas, comme le pensait Dybowski, un élément de spécification bien précis.

TRIBU DES MALACOPTÉRYGIENS ABDOMINAUX.

T. III, p. 366 ; modifier le tableau de la façon suivante :

Rayons branchiostèges au nombre de trois à cinq au plus. Mâchoires { non dentées..

{ dentées...... 3. CYPRINODONTIDÉS

Famille des Cyprinodontidés, Cyprinodontidæ.

Syn. : CYPRINODONTES, Agass., *Poiss. foss.*, t. V, part. 1, p. 2, p. 12, part. II, p. 47.

Corps de forme plus ou moins ramassée, couvert d'écailles lisses, relativement développées.

Tête écailleuse; mâchoire supérieure à bord constitué par les inter-maxillaires seuls, munie de dents, ainsi que la mandibule.

Nageoires; dorsale unique, reculée sur la seconde moitié du corps.

Vessie natatoire simple.

GENRE CYPRINODON — *CYPRINODON*, Lacép.

Syn. : Cyprinodon, Cyprinodon, Lacép., t. XII, p. 252.
Lebias, Cuv., *Règ. an.*, 1817, t. II, p. 199, *Règ. an. ill.*, p. 228.
? Alpismaris, Alpesmer, Riss., *Hist. nat.*, p. 458.
Aphanius, Nardo, *Prodr. Adriat. Ichthyol.*

Corps trapu, oblong, couvert de grandes écailles lisses.

Tête aplatie en dessus, écailleuse; museau court; bouche peu fendue; mâchoires portant des dents tricuspides placées en série unique.

Appareil branchial; quatre ou cinq rayons branchiostèges; pharyngiens supérieurs et inférieurs garnis de petites dents pointues.

Nageoires; dorsale insérée sur la moitié postérieure du corps; anale commençant plus en arrière que la dorsale; caudale arrondie.

Appendices pyloriques manquant; estomac sans cul-de-sac.

LE CYPRINODON DE CAGLIARI — *CYPRINODON CALARITANUS.*

Syn. : ? Alpismaris marmoratus, Alpesmer marbré, Riss., *Hist. nat.*, p. 459 (V. Vérany, *Zool. Alp.-Marit.*, p. 38).
Aphanius nonus, Nardo, *Prodr. Adriat. Ichh.*, p. 17-23.
Aphanius fasciatus, Nardo, *loc. cit.*
Lebias Calaritana (Pœcilia Calaritana, Bonelli), Costa, *Fn. Napol.*, pl. 17, fig. 2; CBp., *Cat.*, n° 135; Vérany, *Zoologie des Alpes-Maritimes*, Nice, 1862, p. 38; Canestr., *Archiv. Zool.*, 1866, t. IV, p. 125, *Fn. Ital.*, p. 19.
Lebias flava, Costa, *Fn. Napol.*, pl. 17, fig. 1.
Le Cyprinodon de Cagliari, Cyprinodon Calaritanus (Lebias Calaritana, Bonelli), Valenc., Cuv. et Valenc., t. XVIII, p. 151.
Le Cyprinodon rubané, Cyprinodon fasciatus, Valenc., *loc. cit.*, p. 156.
Cyprinodon Calaritanus, Bellotti, *Rettificazioni alle specie finora note di Cyprinodonti europei*, dans Mem. Accad. Sc. Torino, 1858, t. XVII, p. clix; Günth., t. VI, p. 302.
Cyprinodon fasciatus, Martens, *Ueber einige Brackwasserbewohner Venedigs*, dans *Wiegm. Archiv*, 1858, t. I, p. 152, pl. 4, fig. 4, 5; Günth, t. VI, p. 303.

Long. : 0,040 à 0,060.

Relativement le corps est trapu; le dos est épais, arrondi, large en avant de l'épiptère; la hauteur du tronc, qui l'emporte d'un tiers, ou même un peu plus, sur l'épaisseur, est contenue quatre fois et un cinquième à cinq fois dans la longueur totale. La peau est couverte d'écailles bien développées, de forme légèrement variable ; celles des flancs sont à peu près carrées, aussi larges que longues. à bord libre droit ou bien un peu sinueux ; celles qui protègent soit la région dorsale, soit la région ventrale, ont le bord postérieur plus ou moins courbe, parfois même anguleux. Le tronçon de la queue est comprimé ; il est élevé ; sa hauteur, qui est moindre que sa longueur, mesure à peu près la moitié de la plus grande hauteur du tronc.

Vue en dessus, la tête présente à peu près la forme de celle d'un petit Muge ; elle est large, aplatie, à profil antérieur légèrement courbe ; dans sa région supérieure, elle est couverte de larges plaques écailleuses, un peu différentes, suivant le sexe ; sa longueur fait, ou peu s'en faut, le quart de la longueur totale. Le museau est arrondi. La bouche est fort petite ; son ouverture est oblique de haut en bas et d'avant en arrière. La mâchoire supérieure est assez protractile ; elle s'enfonce dans l'échancrure formée en avant par les plaques rostrales ; son bord libre est constitué par les intermaxillaires seuls ; la mandibule est un peu moins avancée que la mâchoire supérieure ; elles sont l'une et l'autre garnies d'une rangée de dents égales, dont la couronne présente un bord libre tridenté, une espèce de fleur de lis à pointe médiane surbaissée, ne dépassant guère les pointes latérales. Le nombre des dents n'est pas aussi fixe que Valenciennes l'indique ; il peut varier de quatorze à vingt sur la mâchoire supérieure, et de quatorze à dix-huit, et même plus, sur la mandibule.

Placés vers le profil supérieur de la tête, les yeux sont protégés par une large plaque sourcilière, relativement développée, formant une courbe assez régulière plus prononcée en avant. Le diamètre de l'œil est égal au moins à l'espace préorbitaire ; il fait les deux tiers de l'espace interorbitaire ; il est compris trois fois à trois fois et deux tiers dans la longueur de la tête. L'iris est d'un jaune doré.

Vers l'angle externe et antérieur de la plaque rostrale, est un petit orifice arrondi, à bord faiblement saillant, c'est l'ouverture antérieure de la narine ; assez loin en arrière près du bord antérieur et supérieur de l'orbite, est un pertuis ovale qui est l'ouverture postérieure de la narine. La joue, ou pour mieux dire, la région sous-orbitaire est couverte de deux ou trois rangées d'écailles.

La fente branchiale commence sous le bord postérieur de l'orbite et remonte jusqu'au prolongement du diamètre horizontal de l'œil. L'opercule est trapézoïde, avec le bord inférieur courbe, plus développé que les autres côtés ; il est en rapport avec un sous-opercule triangulaire. Les pièces antérieures du battant operculaire et du suspenseur commun se recouvrent un peu sous la gorge. Quant au nombre des rayons branchiostèges, il est de quatre ou cinq ; cette variation ne tient pas à la différence de sexe, car chez deux sujets, l'un mâle, l'autre femelle, j'ai trouvé seulement quatre rayons.

La ligne latérale proprement dite n'est pas marquée. Il y a de vingt-six à vingt-neuf écailles dans une ligne longitudinale, et huit ou neuf dans une ligne transversale. Écail., l. long. 26 à 29 ; l. transv. 8 ou 9.

La dorsale est placée sur la seconde moitié de la longueur totale ; elle est à peu près carrée avec les angles arrondis. Au-dessous d'elle, à peine un peu plus en arrière, se trouve l'anale, qui présente une forme semblable. La caudale est grande, large ; son bord postérieur est arrondi ou plutôt convexe. Les pectorales s'étendent jusqu'à la racine des ventrales ; elles sont soutenues par des rayons en nombre variable de treize à seize. Les ventrales ont de six à huit rayons.

Br. 4 ou 5. — D. 10 à 12 ; A. 10 à 12 ; C. 2/16 ou 17/2 ou 3 ; P. 13 à 16 ;
V. 6 à 8.

Sur les spécimens que j'ai étudiés, je n'ai jamais vu le nombre des rayons de l'anale aussi réduit que Valenciennes le signale dans le Cyprinodon rubané.

La teinte générale varie suivant le sexe. Chez les mâles, elle est d'un gris jaunâtre ou roussâtre ; sur les côtés descendent des raies verticales d'un blanc jaunâtre au nombre de huit à dix, quelquefois douze, limitant de larges bandes brunâtres. Les nageoires impaires et les ventrales sont d'un jaune citron ; les pectorales sont d'un jaune pâle ; le bord extérieur de la dorsale est liséré de noir ; la caudale est parfois marquée de noir. — Chez les femelles, la moitié supérieure du corps est d'un vert brunâtre et la partie inférieure d'un blanc jaunâtre ; sur les flancs il y a neuf à seize bandes verticales noirâtres. La dorsale et la caudale sont grisâtres ; les pectorales sont d'un gris jaunâtre ; les ventrales et l'anale sont pâles.

Le système de coloration, bien différent chez les mâles et chez les femelles, avait fait supposer l'existence de deux espèces distinctes. — En 1858 M. Bellotti a démontré nettement, dans un excellent travail, que le *Cyprinodon fasciatus* et le *Cyprinodon Calaritanus* appartiennent à une seule et même espèce ; malgré les raisons concluantes apportées par le naturaliste de Milan à l'appui de sa manière de voir, M. Günther est d'une opinion contraire, et, d'après lui, Valenciennes affirmant avoir constaté le petit nombre de rayons (8) de l'anale sur plusieurs spécimens de *C. fasciatus*, il est probable qu'il y a réellement deux espèces distinctes, dans lesquelles les sexes sont semblablement distingués l'un de l'autre, mais que Valenciennes a connu seulement la femelle du *C. Calaritanus*, et seulement aussi le mâle du *C. fascicatus*. Les spécimens, ajoute M. Günther, recueillis à Venise par Martens ont aussi huit rayons à l'anale.

Habitat. Méditerranée, Alpes-Maritimes, excessivement rare.

Proportions : ♀, long. totale 0,042 ; tronc, haut. 0,010, épais. 0,065.

Tête, long. 0,010, haut. 0,0065. — OEil. diam. 0,0028, esp. préorbit, 0,0028, esp. interorbit. 0,005.

Caudale, long. 0,009 ; pectorale, long. 0,006 ; ventrale, long. 0,006. — Dorsale, haut. 0,008, long. 0,007 ; anale, haut. 0,006, long. 0,005.

♂, long. totale 0,042 ; tronc, haut. 0,010, épais. 0,007.

Tête, long. 0,010, haut. 0,008. — OEil, diam. 0,0036, esp. préorbit. 0,0035, esp. interorbit., 0,005.

Caudale, long. 0,008 ; pectorale, long. 0,009 ; ventrale, long. 0,006. — Dorsale, haut. 0,007, long. 0,006 ; anale, haut. 0,008, long. 0,004.

Suivant Canestrini, les petits mammifères qui mangent la chair du Cyprinodon meurent empoisonnés.

Je dois à l'obligeance du D^r Cr. Bellotti d'avoir pu étudier de nombreux et superbes Cyprinodons, qu'il demanda pour moi au Dr Ninni, de Venise. Je prie mes deux savants confrères de vouloir bien agréer l'expression de ma gratitude.

Famille des Clupéidés.

T. III, p. 441-442 ; le tableau doit être ainsi modifié :

Carène du ventre	dentelée. Vomer	denté......................	1. HARENG.
		non denté. Dorsale, etc.....	
	non dentelée		6. ANCHOIS.

GENRE HARENG.

T. III, p. 443.

Deux espèces.

Opercule	non strié.........................	1. H. COMMUN.
	strié	2. H. DE LA MER NOIRE.

LE HARENG DE LA MER NOIRE — *CLUPEA PONTICA.*

Syn. : CLUPEA PONTICA, Eichwald, dans *Bulletin de la Société impériale des Naturalistes de Moscou*, Moscou, 1838. t. XI, p. 135 et dans *Fauna Caspio-Caucasia*, Petropoli, 1841, p. 162, pl. 32, fig. 2 ; Nordmann, *Fn. pontiq.*, p. 520, pl. 25, fig. 2 ; Günth., t. VII, p. 418.

Le Hareng de la mer Noire, CLUPEA PONTICA, Cuv. et Valenc., t. XX, p. 244.

Long. : 0, 20 à 0,30.

La forme générale du Hareng de la mer Noire rappelle beaucoup celle du Hareng commun.

Le corps est assez mince, allongé ; l'épaisseur fait à peu près la moitié de la hauteur, qui est comprise quatre fois et trois quarts à cinq fois et demie dans la longueur totale. Le profil supérieur est légèrement courbe de la tête à la base de la caudale ; le profil du ventre est presque droit de la gorge à l'anale, puis se relève légèrement vers le tronçon de la queue, qui est carré, d'une hauteur à peu près égale aux deux cinquièmes de la hauteur du tronc. Les écailles sont excessivement minces, grandes, à peu près circulaires ; elles sont peu adhérentes, mais elles paraissent un peu moins caduques chez ce Clupe que chez le Hareng commun, la Sardine, etc. De la ceinture scapulaire à l'anus, il y a une trentaine de boucliers pointus (30 à 32) ; j'en compte dix-huit de la ceinture scapulaire à la base de la ventrale ; ils sont beaucoup moins saillants que ceux qui terminent la carène abdominale.

Relativement plus longue que celle du Hareng commun, la tête de ce Clupe a sa longueur comprise quatre fois et quart à quatre fois trois quarts dans la longueur totale ; elle est légèrement déprimée. Le museau s'abaisse doucement. La mâchoire supérieure est échancrée dans sa partie médiane; le maxillaire supérieur se porte en arrière plus loin que chez le Hareng commun, il arrive à peu près sous le bord postérieur de l'orbite. La mandibule est à peine avancée; son extrémité s'enfonce dans l'échancrure de la mâchoire supérieure ; le menton est beaucoup moins proéminent, moins élevé que chez le Hareng commun, ce qui est fort visible quand les mâchoires sont rapprochées. L'ouverture de la bouche ne se prolonge pas loin en arrière ; la dilatation se fait surtout dans le sens vertical. La mâchoire supérieure est bordée de petites dents, qui semblent toutes sur une même rangée. La mandibule porte, vers la partie antérieure, une série de dents courtes et pointues. Des dents en velours ou en cardes fines garnissent le vomer et les palatins. Sur le milieu de la langue est une petite plaque oblongue, une espèce de palette couverte de dents en velours ; la partie qui forme en quelque sorte la queue de la palette n'a plus généralement qu'une seule rangée de dents. La langue a le bord antérieur rosé ou blanc ; elle est d'un noir bleuâtre dans le reste de son étendue.

Protégé par une double paupière verticale, assez épaisse pour cacher le contour exact de l'orbite, l'œil paraît un peu moins grand que chez le Hareng commun ; son diamètre ne mesure guère que le cinquième de la longueur de la tête, il est un peu moindre que l'espace préorbitaire, et même que l'espace interorbitaire, chez les sujets de grande taille.

Les ouvertures de la narine sont à peu près au milieu de la distance qui sépare l'orbite du bout du museau ; elles sont très

voisines l'une de l'autre, séparées seulement par un repli valvulaire; l'ouverture postérieure est légèrement ovale ; l'ouverture
antérieure a le pourtour ou le bord un peu relevé.

La fente branchiale est très-étendue, elle va du haut de la
ceinture scapulaire, ou de la ligne prolongée du bord supérieur
de l'orbite, à l'aplomb du bord de l'orbitaire antérieur. Le bord
postérieur du battant operculaire dessine une courbe beaucoup
plus accentuée que chez le Hareng commun. L'opercule est sil-
lonné de stries prononcées, qui, de son articulation au suspenseur
commun, sont dirigées obliquement d'avant en arrière et de haut
en bas; une espèce de saillie bien marquée vient de l'articulation
de l'opercule au suspenseur commun et se porte jusque sur le
bord inférieur de l'opercule. Le sous-opercule est relativement
moins développé que chez le Hareng de nos côtes de l'Ouest.

Il n'y a pas de ligne latérale indiquée sur les spécimens que
j'étudie.

Généralement la dorsale commence un peu plus en avant que
les ventrales, un peu plus près du bout du museau que de la base
de la caudale ; elle a un peu plus de longueur que de hauteur ;
elle est plus ordinairement soutenue par quinze rayons. L'anale
est beaucoup moins haute que longue; elle est séparée de l'insertion de la caudale par une distance égale à la hauteur du tronçon de la queue. La caudale est bien fourchue, à lobes sensiblement égaux. Les pectorales sont d'un quart et même d'un tiers
plus longues que les ventrales; elles paraissent moins longues
cependant que celles du Hareng commun.

D. 15 à 17; A. 20 ou 21; C. 6/20/5; P. 15; V. 9.

La teinte générale est à peu près celle du Hareng commun,
d'un vert bleuâtre sur le dos et d'un blanc argenté sur les flancs.
Ordinairement une tache noire marque l'épaule vis-à-vis de l'angle supérieur de la fente branchiale. Cette tache, fort distincte
sur un jeune spécimen pêché dans l'étang de Thau, manque chez
le grand sujet venant de Constantinople, dont je vais indiquer
les proportions plus loin.

Habitat. Méditerrannée; ce Clupe n'a pas encore, il me semble, été mentionné dans les catalogues des ichthyologistes italiens; en 1885, un jeune spécimen mesurant 0,103 a été capturé à Cette, dans l'étang de Thau.

Proportions : long. totale 0,233; tronc, haut. 0,043, épais. 0,021.

Tête, long. 0,050, haut. 0,035, épais. 0,021. — Œil, diam. 0,010; esp. préorbit. 0,013, esp. interorbit. 0,012. — Mâchoire supérieure, long. 0,023.

Caudale, long. 0,040; pectorale, long. 0,030; ventrale, long. 0,018. — Dorsale, haut. 0,024, long. 0,028; anale, haut. 0,010, long. 0,033.

Distance du museau à : dorsale 0,093; anale 0,139; caudale 0,193; ventrale 0,005.

Famille des Scopélidés.

T. III, p. 491. — Modifier le tableau.

$$
\text{1}^{\text{re}} \text{ dorsale commençant sur la}
\begin{cases}
\text{1}^{\text{re}} \text{ moitié de la longueur totale ou opposée à l'anale.} \begin{cases} \text{inégales, quelques-unes fort longues.} & \text{1. Chauliodontiniens.} \\ \\ \text{Mandibule à dents} \begin{cases} \text{à peu près égales.} \end{cases} \end{cases} \\ \\
\text{2}^{\text{e}} \text{ moitié de la longueur totale.}
\end{cases}
$$

Sous-famille des Chauliodontiniens.

T. III, p. 491-492.

Cette sous-famille se compose de trois genres.

$$
\text{Première dorsale}
\begin{cases}
\text{non opposée à l'anale, placée, etc.\dots} \\ \\
\text{opposée à l'anale\dots\dots\dots\dots\dots} \quad \text{3. Gonostome.}
\end{cases}
$$

GENRE GONOSTOME — *GONOSTOMA*, Rafin.

Corps allongé, comprimé, couvert de grandes écailles caduques; plusieurs rangées de points brillants le long de la région inférieure du corps.

Tête comprimée, non écailleuse; bouche très fendue; bord de la mâchoire supérieure formé par les intermaxillaires et les maxillaires; mâchoires munies d'une série de dents fort inégales; entre de longues dents espacées s'en trouvent d'autres fort petites; palatins garnis de petites dents en velours.

Appareil branchial ; ouïes largement ouvertes; rayons branchiostèges au nombre de treize ou quatorze.

Nageoires ; première dorsale reculée au-dessus de l'anale, qui est très longue; pectorales insérées vers le bas de la ceinture scapulaire.

LE GONOSTOME NU — *GONOSTOMA DENUDATA*.

Syn. : Gonostoma denudata, Rafin., *Ind. itt. sic.*, p. 65, n° 380 ; CBp., *Fn. ital.*, fig., *Cat.*, p. 37, n° 310 ; Canestr., *Fn. Ital.*, p. 121.
    Gasteropelecus acanthurus, Cocco, dans *Giorn. Sc. Let. ec… Sic.*, 1829, n° 77.
    Gonostomus acanthurus, Cocco, *Let. salm. mare di Messina*, p. 3, pl. 1, fig. 1.
    Le Gonostome nu, Gonostoma denudata, Cuv. et Valenc., t, XXII, p. 376.
    Gonostoma denudatum, Günth., t. V, p. 391 ; Giglioli, *Cat. Pesc. ital.*, p. 100, n° 342.

Long. : 0,10 à 0,16.

C'est dans les eaux qui baignent les côtes de Sicile que Rafinesque a découvert la singulière espèce que nous allons décrire.

Le corps de ce Poisson est comprimé, allongé, diminuant de hauteur d'un façon régulière de la ceinture scapulaire à la base de la caudale. Sa hauteur, en avant, fait environ deux fois celle du tronçon de la queue ; elle est comprise de six à huit fois dans la longueur totale, elle est trois ou quatre fois plus grande que l'épaisseur. Ainsi que le rappelle la désignation spécifique, les écailles sont très caduques ; elles sont grandes, minces, enduites d'un pigment argenté.

Haute, comprimée, la tête paraît, en arrière, continuer le profil du tronc ; elle semble complètement nue ; sa longueur, qui l'emporte d'un tiers ou d'un quart sur sa hauteur, mesure, ou peu s'en faut, le quart de la longueur prise du bout du museau à la base de la caudale. Le museau est anguleux, assez pointu ; quand les mâchoires sont rapprochées, la tête présente une forme presque triangulaire. La bouche est très largement ouverte ; sa fente, qui est oblique de haut en bas et d'avant en arrière, s'étend jusqu'au préopercule. La mâchoire supérieure est fort longue ; elle recouvre la mandibule sur les côtés, lorsque la bouche est fermée ; elle est constituée en grande partie par les maxillaires. Les intermaxillaires sont peu développés ; chacun d'eux porte, sous sa branche montante, une ou deux dents coniques, et sur le côté plusieurs petites dents. Le maxillaire est armé de douze à quinze dents, longues, très pointues, espacées ; dans les intervalles qui les séparent les unes des autres, se trouvent de petites

dents aiguës, en nombre variable. La mâchoire inférieure présente
une dentition à peu près semblable à celle du maxillaire supérieur. Sur un spécimen, qui m'a été envoyé de Nice, je vois chacun des intermaxillaires armé de deux longues dents crochues, à
pointe très aiguë recourbée en arrière. Après une échancrure
formée par l'extrémité de la branche horizontale de l'intermaxillaire et paraissant vide ou nue, tant sont peu distinctes, même à
la loupe, les dents qui s'y trouvent, commence la rangée des
dents latérales ; sur le maxillaire supérieur droit, il y en a treize
grandes ; dans les espaces qui sont entre les grandes dents existent
des séries composées de quatre à six petites dents. Le maxillaire
gauche est armé de douze longues dents. — La mandibule est
étroite ; quand la bouche est fermée, elle dépasse un peu, en avant,
l'extrémité de la mâchoire supérieure, et le menton est le point
de jonction des deux lignes qui limitent le profil supérieur et le
profil inférieur de la tête. La mandibule forme une espèce de
carène ; les dentaires sont larges, placés obliquement, le bord
inférieur est mince, presque tranchant, rapproché de celui du
côté opposé, avec lequel il constitue une crête médiane. Vers la
symphyse, à droite comme à gauche, il y a deux longues dents
crochues, suivies d'une série de petites dents, puis se montre une
rangée composée de longues dents, entre lesquelles s'en trouvent
de plus petites et de plus nombreuses.

L'œil est relativement assez petit ; son diamètre ne fait guère
que le sixième de la longueur de la tête, il est à peu près égal à
l'espace préorbitaire, à peine moins grand que l'espace interorbitaire. Plusieurs crêtes se distinguent sur l'espace interorbitaire ; une crête externe, qui forme une espèce de sourcil, s'avance
jusque vers le bord de la mâchoire supérieure ; une crête oblique
va du milieu de l'orbite à la partie antérieure de la crête médiane qui, elle, part de la région occipitale, et se termine sur le
museau vers la branche montante des intermaxillaires.

La fente branchiale est excessivement longue ; elle commence
vers le haut de la ceinture scapulaire et s'étend jusque sous le
bord antérieur de l'orbite. Les pièces operculaires sont fort

minces, assez distinctes les unes des autres. L'opercule figure
une espèce de parallélogramme dont les côtés montants sont
plus longs que les autres; le sous-opercule est trapézoïde; l'interopercule vient presque rejoindre en dessous celui du côté
opposé; le préopercule est étroit; en avant de sa crête verticale,
il est en rapport avec un sous-orbitaire, espèce de large plaque
recouvrant la plus grande partie de la joue et une partie du
maxillaire supérieur.

La première dorsale est très reculée; elle commence au-dessus de l'origine de l'anale, et ne se porte pas aussi loin en arrière;
son premier rayon est aigu, il ressemble beaucoup plus à une
épine qu'à un rayon mou; il est suivi de treize ou quatorze autres
rayons. L'anale est fort longue; elle commence dans le même
plan que la première dorsale et finit sous la seconde; elle est
soutenue par une trentaine de rayons; sa plus grande hauteur
fait environ la moitié de la longueur de sa base. La caudale est
fourchue; en dessus comme en dessous, elle est armée, à sa
racine, de six à sept crochets très aigus, d'où le nom spécifique
d'*acanthurus* donné par Cocco à ce curieux Poisson. Je compte
huit rayons à la ventrale, une douzaine à la pectorale.

Br. 13 ou 14. — D. 14 ou 15 — ; A. 30; C. 6 ou 7/22/7 ou 6; P. 10 à 12; V. 6 à 8.

Du bord inférieur de l'interopercule part une longue série de
points brillants, argentés, à bordure noire, traversant l'espace
qui sépare les pectorales l'une de l'autre; elle s'interrompt à
la base des ventrales, puis reprend en arrière, borde l'insertion
de l'anale et va se terminer vers la racine des rayons inférieurs
de la caudale; une autre rangée, plus ou moins régulière, vient
de l'aisselle de la pectorale, passe en dehors de la base de la
ventrale et tantôt s'arrête vers le commencement de l'insertion
de l'anale, tantôt se continue, en longeant la rangée interne jusqu'à la base de la caudale. — La teinte générale est brillante;
les côtés sont argentés; le dos et le ventre sont d'un blanc teinté
de brunâtre. Les nageoires sont pâles; la première dorsale et
l'anale sont marquées d'un fin pointillé noirâtre.

Habitat. Méditerranée, Nice, excessivement rare.

Proportions : long. totale 0,132; tronc, haut. 0,020, épais. 0,005.

Tête, long. 0,031, haut. 0,022, larg. 0,007. — OEil, diam. 0,005, esp. préorbit. 0,0052, esp. interorbit. 0,0053. — Mâchoire supérieure, long. 0,025.

Caudale, brisée, 0,009; pectorale, long. 0,011; ventrale, long. 0,008. — Première dorsale, haut. 0,014, long. 0,012; anale, haut. 0,016, long. 0,032.

Distance du bout du museau à : première dorsale 0,080; anale 0,080, ventrale 0,0162.

Sous-famille des Scopéliniens.

T. III, p. 501.

Cette sous-famille se compose de cinq genres. — Au tableau ajouter le genre Ichthyococcus,

... et les maxillaires. Mâchoire supérieure plus	courte que l'inférieure.......	2. Maurolicus.
	longue que l'inférieure qu'elle recouvre	3. Ichthyococcus.

GENRE SCOPÈLE.

T. III, p. 501.

Le genre Scopèle se compose de dix espèces,

Sourcil

non épineux. Diamètre de l'œil faisant

au plus le quart de la longueur de la tête. Pectorales

atteignant à l'anale.................... 1. S. CROCODILE.

n'arrivant pas à l'anus. Dorsale ayant

plus de 16 rayons. 2. S. PSEUDOCROCODILE.

moins de 14 rayons. 3. S. DE COCCO.

plus du quart de la longueur de la tête et

égal ou peu s'en faut à l'espace interorbitaire. Pectorales plus

longues que les ventrales et ayant

plus de 10 rayons. Fente de la bouche.

à peu près horizontale. 4. S. DE HUMBOLDT.

oblique. 5. S. DE VÉRANY.

moins de 10 rayons......... 6. DE CANINO.

courtes que les ventrales.................. 7. S. DE RAFINESQUE.

d'un tiers au moins plus grand que l'espace interorbitaire. Hauteur du tronc faisant le

cinquième de la longueur totale. 8. S. DE BENOIT.

quart de la longueur totale..... 9. S. de RISSO.

armé d'une épine .... 10. S. DE BONAPARTE.

LE SCOPÈLE PSEUDOCROCODILE — *SCOPELUS PSEUDOCROCODILUS*).

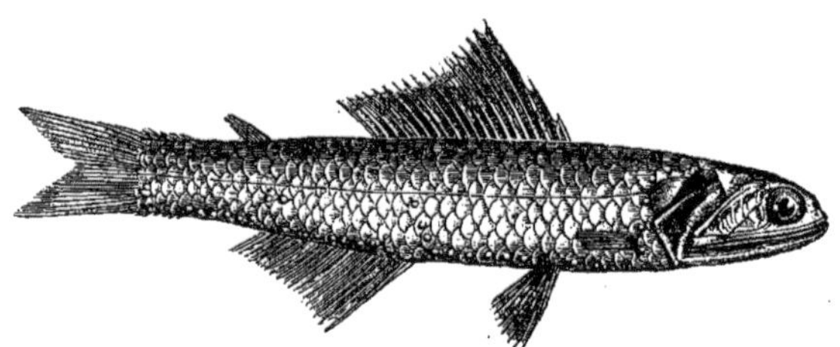

Fig. 227.

Syn. : ? Scopèle à petites dents, Scopelus angustidens, Risso, dans *Mem-Accad. Sc. Torino*, 1820, t. **XXV**, p. 267.

Le Scopèle crocodile, Scopelus crocodilus, Cuv. et Valenc., t. XXII, p. 447 (non Risso).

Scopelus elongatus, Giglioli (non Costa?), *Cat. Pesc. ital.*, p. 101, nº 358; Steindachn., *Ichth. Beiträge* XI, dans *Sitz. k. Akad. Wissensch.*, Wien, 1881, t. LXXXIII, p. 397; Vinciguerra, *Appunti ittiologici* dans *Annali del Museo civico di Storia naturale di Genova*, Genova, 1885, ser. 2, t. II, p. 462; Bellotti, *Note ittiol.*, dans *Atti Soc. ital. sc. nat.*, Milano, 1888, t. XXXI, *Estrat.*, p. 13-14.

Scopelus caudispinosus, Gigl., *loc. cit.*, nº 357 (non Johnson).

Scopelus resplendens, Gigl., *loc. cit.*, nº 359 (non Richardson).

Il est impossible de partager l'opinion de M. Günther qui, dans la synonymie du *Scopelus (Lampanyctus) resplendens* de Richardson, indique le *Scopelus crocodilus* de Valenciennes. M. Günther écrit : *Pectoral fin shorter than the ventral, and not extending beyond its roots* (Günth., t. V, p. 415-416). Richardson, au contraire, dans le nombre des caractères spécifiques de son *Lampanyctus*, mentionne la longueur de la pectorale : *pinna pectorali longa;* en effet cette nageoire est bien plus longue que la ventrale, elle en dépasse de beaucoup la racine en arrière, ainsi que le montre la figure donnée par l'auteur (V. Richardson, *Voyage of Erebus and Terror*, London, 1844-1845, *Fishes*, t. II, p. 42, pl. 27, fig. 16-17-18).

Long. : 0,10 à 0,15.

Chez ce Scopèle, les proportions du corps semblent assez variables. La hauteur du tronc est comprise cinq fois et demie à six fois et deux tiers dans la longueur totale ; généralement elle fait un peu moins du double de l'épaisseur qui, elle, est sensiblement égale à la hauteur du tronçon de la queue. Le corps

est couvert de grandes écailles, molles, papyracées, plus ou
moins caduques, ayant parfois l'apparence de lamelles d'épiderme.

La tête ressemble beaucoup à celle du véritable Scopèle crocodile de Risso ; elle est à peu près d'un tiers moins haute que
longue ; sa longueur est comprise quatre fois à quatre fois et
demie dans la longueur totale. La partie supérieure est assez
large. Du milieu de l'espace interorbitaire descend une petite
crête, qui arrive au bout du museau en décrivant une courbe
assez prononcée. Le museau est arrondi. La bouche est légèrement oblique ; sa fente s'étend très-loin en arrière, tout près du
préopercule ; la longueur de sa fente mesure, ou peu s'en faut,
les deux tiers de la longueur de la tête. La mâchoire supérieure
est aussi ou à peine moins avancée que l'inférieure ; elle présente à son milieu une très légère échancrure dans laquelle se
loge le bout de la mandibule. L'extrémité postérieure du maxillaire supérieur n'est pas élargie ; elle se termine en une pointe
mousse, qui touche presque le bord du préopercule. Les mâchoires sont couvertes de petites dents en velours fort nombreuses, très fines ; les palatins sont également garnis de petites
dents. La muqueuse de la bouche est noirâtre, ainsi que celle
de la chambre branchiale.

Le bord supérieur de l'orbite est saillant. L'œil est placé vers
le profil supérieur de la tête ; il est arrondi ; son diamètre ne
mesure pas tout à fait le quart de la longueur de la tête ; il est
le double de l'espace préorbitaire ; il est moins grand que l'espace
interorbitaire, qui est large, creusé d'une fossette médiane
limitée par une espèce de fer à cheval ; entre le bord externe de
ce fer à cheval et l'arcade orbitaire, existe de chaque côté une
dépression, un large sillon qui se termine, en avant, un peu au-
dessus des narines.

L'orifice externe de la narine est ovale ou plutôt semi-lunaire ;
son repli valvulaire externe paraît s'insérer sur le bord antérieur
de l'orbite. L'autre orifice est étroit, circulaire, tubuleux, entouré
d'un bourrelet légèrement saillant ; il est très rapproché de l'orifice externe.

La fente branchiale est fort grande; elle s'avance à peu près jusque sous le bord antérieur de l'orbite. Le battant operculaire est dirigé très-obliquement de haut en bas et d'avant en arrière; son extrémité postérieure libre forme une espèce d'angle qui se porte jusque vers, ou même jusque sur la base de la pectorale.

Bien marquée, la ligne latérale va du commencement de la fente branchiale à la base de la caudale, elle décrit une courbe très faible à concavité supérieure jusqu'au-dessus de la fin de l'anale, puis se continue directement sur le tronçon de la queue. Elle est formée de grandes écailles cordiformes, anguleuses à leur racine, échancrées à leur partie libre; la paroi interne de chacune de ces écailles est fortement échancrée en avant et en arrière, de sorte qu'elle présente quatre angles aigus ou quatre pointes triangulaires; les pointes tournées vers la racine de l'écaille sont plus distinctes et plus résistantes que les autres qui sont parfois brisées et semblent même tout à fait manquer. Il est difficile, chez ces animaux, de compter exactement les rangées d'écailles, qui sont peu adhérentes; il y en a, me semble-t-il, environ quarante-cinq dans une ligne longitudinale.

Généralement la première dorsale naît sur le commencement du second tiers de la longueur totale, au-dessus, ou peu s'en faut, de la base des ventrales; elle est presque toujours moins haute que longue; sa hauteur est plus grande que celle du tronc; la longueur de sa base est sensiblement égale à celle de la tête; chez le *Sc. caudispinosus* de Johnson, la première dorsale a une hauteur moindre que celle du tronc; la longueur de sa base fait le double de la hauteur de la nageoire, elle l'emporte d'un cinquième sur la longueur de la tête. La seconde dorsale est fort reculée; elle est placée au-dessus de la fin de l'anale et parfois même un peu plus en arrière que les derniers rayons de cette nageoire. L'anale commence à peu près vers le milieu de la longueur totale; elle est, ou peu s'en faut, aussi haute que longue. Le tronçon de la queue est armé, sur le bord supérieur comme sur le bord inférieur, d'une série d'épines très acérées au nombre de six à neuf; les dernières forment en quelque sorte les pre-

miers rayons externes de la caudale. Il ne faut pas voir dans
cette série d'épines une armure particulière à l'espèce que nous
décrivons, pas plus qu'au *Sc. caudispinosus* de Johnson : cette
disposition se rencontre chez beaucoup d'autres Scopèles et même
chez le Gonostome, *Gonostomus acanthurus*, *Gonostomo coda-
spinosa*, Cocco. La caudale est fourchue, sa longueur est d'un
quart et plus moindre que celle de la tête ; chez le *Sc. elongatus*,
d'après Costa, elle est égale à celle de la tête. La pectorale est
peu développée ; lorsqu'elle est étendue, sa pointe n'arrive pas à
la base de la ventrale ; chez le *Sc. resplendens*, Richardson, la
pectorale dépasse en arrière d'une manière sensible l'insertion
de la ventrale ; elle finit sous le tiers antérieur de la dorsale ;
suivant Costa et Canestrini, chez le *Sc. elongatus*, les pectorales atteignent à la base des ventrales. La ventrale est d'un
tiers environ plus longue que la pectorale ; son extrémité n'arrive
pas au commencement de l'anale.

D. 19 à 21 — ; A. 18 à 21 ; C. 10 à 12/10 ou 20/12 ou 13 ; P. 10 à 12 ;
V. 10, seulement 8, d'après Valenciennes.

Des points brillants sont disposés à la partie inférieure du
corps formant de chaque côté une rangée continue assez régulière. Il y a quatre points brillants avant chaque ventrale ; il s'en
trouve cinq de la base de la ventrale au commencement de
l'anale ; de ce point à la racine de la caudale, on en compte de
dix-huit à vingt ; chaque série est donc composée de vingt-sept
à vingt-neuf points brillants, sur les spécimens que j'ai sous les
yeux. Outre ces points brillants placés en séries, on en voit un
sur la base de la pectorale et deux au-dessus, le long de la partie verticale de la ceinture scapulaire ; il existe aussi un point
brillant vers la partie externe de l'insertion de la ventrale ; deux
autres points lumineux se montrent sur les flancs au-dessus de
la terminaison de la ventrale. Le ton général est d'un marron
plus ou moins foncé, teinté de roux ; la base de la caudale est
d'un brun presque noirâtre.

Habitat. Méditerranée, Nice, assez rare.

Proportions : long. totale 0,120; tronc, haut. 0,018; épais. 0,011.

Tête, long. 0,027, haut. 0,017, épais. 0,011. — OEil, diam. 0,0065; esp. préorbit. 0,0032; esp. interorbit. 0,008. — Mâchoire supérieure, long. 0,021.

Caudale, long. 0,016; pectorale, long. 0,010; ventrale, long. 0,013. — Première dorsale, haut. 0,021, long. 0,029; anale, haut. 17, long. 0,020.

Distance du bout du museau à : première dorsale 0,040; seconde dorsale 0,084; anale, 0,062; pectorale 0,0275; ventrale, 0,011.

A propos de son étude sur le *Scopelus elongatus*, M. Bellotti s'exprime ainsi (p. 14) : *Lo Scopelus elongatus Costa, abbastanza raro nel mare siculo, si ritrova invece frequente nel mare di Nizza, quantunque non accennato dal dott. Moreau nella sua Histoire naturelle des Poissons de la France, probabilmente perche confuso collo Scopelus crocodilus* Risso. — M. Bellotti aurait pu faire remonter plus haut la responsabilité de la confusion qu'il me reproche. Du reste, je n'ai pas la moindre prétention à l'infaillibilité; c'est seulement au mois d'octobre 1884 que j'ai reçu de Nice, sous le nom de *Scopelus caudispinosus*, le premier spécimen du Scopèle en question, qui n'est autre que le *Sc. crocodilus* de Valenciennes et nullement le *Sc. caudispinosus*, de Johnson, ainsi que le croyait fermement M. Bellotti avant que son erreur lui eût été démontrée.

Pourquoi n'ai-je pas examiné au Muséum le type qui avait été décrit par Valenciennes? La raison en est bien simple; Valenciennes commence ainsi l'histoire de son *Sc. crocodilus :* « M. Risso a étiqueté lui-même le Poisson que nous décrivons, comme sa Serpe crocodile » (CV. t. XXII, p. 447) et termine par ces mots : « Ce poisson, qui a d'abord paru parmi les Serpes dans la première édition de l'Ichthyologie de Nice (p. 357), a été reproduit dans le Mémoire de M. Risso sur les Scopèles (*Mém. Acad. Sc. Turin*, t. XXV, pl. 10, fig. 1); il est ensuite entré dans la nouvelle édition. —Après ces explications si nettes fournies par Valenciennes, pouvais-je soupçonner qu'il n'y eût pas identité entre le *Sc. crocodilus*, Risso et le *Sc. crocodilus* Cuv. et Valenc.? Évidemment non. D'ailleurs un autre motif m'empêchait de toucher aux spécimens rapportés de Nice par Laurillard; ils sont en fort petit nombre, il y a seulement deux individus en bien mauvais état, avec les pectorales brisées, réduites en quelque sorte à des moignons, et par là même ne présentant plus le vrai caractère spécifique qui distingue nettement ce Scopèle du Scopèle crocodile de Risso. — Ayant en ma possession une assez grande quantité d'exemplaires du *Sc. crocodilus*, Risso., et pouvant en disposer comme bon me semblait, je ne me croyais pas le droit de me servir, au risque de les détériorer plus encore, de ces deux exemplaires, des types étudiés par Valenciennes, précieuses reliques déposées dans les collections du Muséum, depuis plus d'un demi-siècle; il y avait réellement conscience à faire autrement; c'est un scrupule que comprendront les vrais naturalistes.

Maintenant, M. Bellotti est-il bien certain de n'avoir pas commis ou plutôt continué une confusion plus grave que celle qu'il m'attribue en regardant comme identiques le *Sc. elongatus*, Costa, et le *Sc. crocodilus* de Valenciennes? Suivant M. Bellotti, la description que donne Steindachner du *Sc. elon-gatus*, Costa, ne laisse rien à désirer; mais il s'agit avant tout de la des-cription de Costa, nullement de celle de Steindachner, il faut voir si vraiment elle s'applique au *Scopelus crocodilus* de Valenciennes; nous y reviendrons plus loin. — Steindachner, ayant à rapprocher le *Scopelus* qu'il avait reçu de Nice de l'un de ces trois types : *Sc. caudispinosus*, Johnson, *Sc. elongatus*, Costa, et *Sc. resplendens*, Richardson, cités dans le catalogue de M. Giglioli et ne trouvant aucun rapport, bien entendu, entre ce Scopèle et le *Sc. caudispinosus*, Johns., pas plus qu'avec le *Sc. resplendens*, Richards., a été en quelque sorte obligé de le considérer comme étant le *Sc. elongatus*, Costa.

Valenciennes connaissait parfaitement la Faune du royaume de Naples, et jamais ne lui est venue à l'esprit l'idée de supposer que son *Sc. croco-dilus* et le *Sc. elongatus* de Costa sont identiques. En effet, les caractères spécifiques sont très-différents; suivant Costa, son Scopèle a les pectorales atteignant à la base des ventrales; la caudale aussi longue que la tête; il n'est fait aucune mention des épines qui garnissent la base de la caudale en dessus, comme en dessous; ces épines ne sont indiquées ni dans le texte ni dans la figure; l'extrémité postérieure du maxillaire supérieur semble élargie; la forme des écailles ne paraît pas être la même que celle des écailles du *Sc. crocodilus*, Valenc.; M. Bellotti prétend que dans la des-cription de Costa, il n'est pas question des dents sur le vomer; M. Bellotti a probablement négligé de lire Costa; au nombre des *Characteres natura-les*, Costa signale les suivants : *Maxillæ utræque dentatæ; dentibus aculis ra-ris; reliqua inermia*. C'est assez net; c'est évidemment dire que le palais est lisse; quant aux dents des mâchoires, si elles sont rares, elles ne sont nullement comme celles du *Scopelus crocodilus*, Valenc., qui sont en ve-lours, fort nombreuses et plutôt mousses.

Le nom de *Sc. elongatus*, Costa, doit, suivant M. Bellotti, être préféré par droit de priorité. Avant le droit de priorité, il y a une question d'identité qui est loin d'être établie et ne peut l'être. M. Bellotti dit bien: *Della iden-tità degli esemplari di questa specie raccolti a Nizza con quelli proveniente dalla Sicilia, non credo ormai licito dubitare*. Personne vraiment ne conteste cette identité; mais ces exemplaires de Sicile sont-ils, comme le prétend M. Bellotti, identiques au *Sc. elongatus?* rien ne le prouve; malheureuse-ment les types de Costa semblent ne plus exister. Maintenant soutenir, pour les besoins de la cause, sans que rien n'y autorise, qu'il y a des inexactitudes dans la figure et dans la description du *Sc. elongatus*, ce n'est pas vraiment résoudre le problème, c'est, je le crains, diminuer mal à propos le mérite d'un naturaliste qui a consacré sa vie à une œuvre consi-dérable.

Dans ces conditions, il est, je crois, préférable de modifier le nom spé-cifique de ce Scopèle, et de renvoyer le lecteur au texte de Valenciennes, qui ne laisse aucun doute sur l'identité de l'espèce.

M. Bellotti commet encore une singulière erreur quand il affirme que le

Sc. crocodilus Valenc., est commun à Nice; il a l'air de supposer que ce poisson, tenu, dit-il, en aucune estime comme poisson comestible, n'est pas toújours apporté sur le marché. C'est bien mal connaître les pêcheurs de Nice que de les supposer peu soucieux de leurs intérêts; assurément ils ne vendraient pas assez cher, suivant eux, ce poisson sur le marché, et se gardent bien de l'y envoyer; ils savent qu'ils en tireront meilleur profit ailleurs et s'empressent de le porter chez de zélés naturalistes, MM. Gal, frères, qui rendent de réels services à la science. D'après les renseignements qui me sont fournis avec la plus scrupuleuse exactitude, on prend ordinairement à Nice, chaque année, cinq ou six spécimens de ce Scopèle: mais il y a certaines années où les pêcheurs n'en capturent pas un seul. Que serait-ce donc si l'espèce était rare!

LE SCOPÈLE DE COCCO — *SCOPELUS COCCOI*.

Syn. : Scopelus Coccoi, Cocco, *Su alc. Salmon, del mare di Messina, Lettera al C. Bonaparte,* dans *Nuov. An. Sc. nat.*, an. 1, t. II, p. 18, pl. 2, fig. 6; CBp., *Fn. ital.*, fig., *Cat.*, p. 36, n° 307; Günth., t. V, p. 413; Canestr., *Fn. Ital.*, p. 125; Giglioli, *Cat. Pesc. ital.*, p. 101, n° 354; prince Albert de Monaco, *Comp. rend. Ac. Scienc.*, Paris, 1887, t. CIV; p. 454.

Long. : 0,04 à 0,06.

Le naturaliste, qui s'est appliqué à bien faire connaître les Scopélidés de la mer de Messine, a dédié cette espèce à la mémoire de son père.

Le Scopèle de Cocco reste toujours de petite dimension; il a le corps relativement effilé, couvert de grandes écailles. Le profil du dos est légèrement arqué jusqu'à la fin de la première dorsale, puis va s'abaissant doucement vers le tronçon de la queue; de la ceinture scapulaire à la fin de l'anale, le profil du ventre décrit une courbe peu prononcée, puis remonte légèrement jusque vers la base de la caudale. La hauteur du tronc, qui fait le double à peu près de l'épaisseur, est contenue cinq fois dans la longueur totale, elle est de trois à quatre fois plus grande que la hauteur du tronçon de la queue. Chez un spécimen, le tronçon de la queue porte en dessus, entre la seconde dorsale et la base de la caudale une huitaine de petites épines crochues, à pointe tournée en arrière; en dessous, il existe quelques épines, mais peu distinctes, excessivement courtes. Suivant la remarque de Cocco, les écail-

les sont grandes, mais elles paraissent sur le corps plutôt hexa-
gonales que rhomboïdales; elles ont beaucoup plus de hauteur
que de longueur.

En dessus la tête est très-peu convexe; elle a même le profil
légèrement déclive à partir de l'espace interorbitaire jusqu'au
museau ; sa hauteur est comprise quatre fois à quatre fois et
demie dans la longueur totale. Quant au museau, il est plutôt
un peu obtus que pointu. La mâchoire supérieure est un peu
moins avancée que la mandibule; elles ont l'une et l'autre des
dents excessivement fines. La bouche est tapissée d'une muqueuse
noirâtre ; sa fente, qui est oblique, dépasse l'aplomb du bord
postérieur de l'orbite.

Relativement les yeux sont petits ; leur diamètre ne mesure
que le quart ou même le cinquième de la longueur de la tête ; il
est égal à l'espace préorbitaire ou à peine plus grand ; il semble
un peu moins grand que l'espace interorbitaire.

La ligne latérale s'étend presque directement de la ceinture
scapulaire à la base de la caudale. Éc., l. l. 33 à 41.

La première dorsale commence sur la première moitié de la
longueur de l'animal; elle est même plus rapprochée du bout du
museau que de la base de la caudale ; elle a, suivant Cocco, un
peu plus de hauteur que de longueur ; elle est placée au-dessus
de l'espace qui s'étend de la base des ventrales à l'anale, elle
semble finir au-dessus des premiers rayons de l'anale. La seconde
dorsale est très réduite. La base de l'anale est plus longue que
celle de la première dorsale. La caudale est très fourchue, assez
grêle. Les pectorales sont un peu plus développées que les ventrales ; leur pointe dépasse l'insertion des ventrales.

D. 10 à 12 —; A. 19 à 21; C. 18 à 20; P. 11 ou 12; V. 6 à 8.

La partie supérieure du tronc est noirâtre ; les côtés sont argentés avec une nuance bleuâtre ou gris d'acier. Vers le profil
inférieur du corps, il y a de chaque côté une série de points brillants; il en existe d'autres épars sur les flancs. Suivant Cocco,
il y a vers le bord de l'insertion de la caudale cinq points bril-

lants argentés ; ces points ne sont pas toujours bien marqués ;
ils manquent sur certains individus.

Habitat. Océan, accidentellement.

Proportions : long. totale 0,044 ; tronc, haut. 0,009, épais, 0,005.

Tête, long. 0,010, haut. 0,008. — Œil, diam. 0,0022, esp. préorbit. 0,002,
esp. interorbit. 0,003. — Mâchoire supérieure, long. 0,007.

Caudale, long. 0,0045 ; pectorale, long. 0,005 ; ventrale, long. 0,004. —
Première dorsale, long. 0,007 ; anale, long. 0,010.

Distance du bout du museau à : première dorsale, 0,017 ; seconde dorsale, 0,027 ; anale, 0,020 ; pectorale, 0,011 ; ventrale, 0,014.

LE SCOPÈLE DE VÉRANY — *SCOPELUS VERANYI*.

Syn. : Le Scopèle de Vérany, Scopelus veranyi, E. Moreau, dans *Bull. Soc.
Philom.*, Paris, 1888, t. XII, p. 108.

Long. : 0,10 à 0,12.

Dans la mer de Nice a été pêché, ces dernières années, un Scopèle qui présente une certaine ressemblance avec le Scopèle de
Humboldt, mais s'en distingue par divers caractères que nous
allons indiquer.

De l'espace interorbitaire à la base de la caudale, le profil supérieur va s'inclinant par degré, d'une façon régulière, sans
aucune trace de courbure, tandis que chez le Scopèle de Humboldt, le profil supérieur dessine une courbe à partir de l'espace
interorbitaire jusqu'à l'aplomb du milieu de la longueur des
pectorales. Quant au profil inférieur, il est à peu près droit de la
ceinture scapulaire à l'anale, puis il se relève doucement et suit
une légère courbure à concavité inférieure, se prolongeant jusque
près de la racine de la caudale. Le corps est plus comprimé que
chez le Scopèle de Humboldt ; sa hauteur, qui fait presque le double de son épaisseur, est comprise cinq fois et un tiers à cinq fois
et demie dans la longueur totale, ou cinq fois, en retranchant la
longueur de la caudale. La peau est couverte de très grandes
écailles ; celles de la ligne latérale surtout semblent excessivement
développées ; cela tient à ce que presque toujours l'écaille, qui
borde la partie inférieure de l'écaille de la ligne latérale lui reste

adhérente et en augmente ainsi la hauteur apparente ; pour bien
comprendre cette disposition, il faut examiner les écailles de la
ligne latérale à l'aide du microscope, il est difficile, à l'œil nu,
de s'en rendre compte, à moins d'être prévenu.

Le profil supérieur du crâne continue directement la ligne du
dos sans aucune inclinaison. La tête est développée ; sa longueur,
qui l'emporte d'un cinquième sur la hauteur, du moins chez le
sujet que j'ai sous les yeux, est contenue quatre fois et deux tiers
dans la longueur totale, ou plus exactement quatre fois, caudale
non comprise. Le museau est court, légèrement incliné en avant ;
son extrémité se trouve presque sur la ligne prolongée du diamètre horizontal de l'œil ; ce rapport, très caractéristique, permet de distinguer facilement cette espèce du Scopèle de Humboldt.
La mandibule, quand la bouche est fermée, continue en quelque
sorte le profil du museau ; sa pointe s'enfonce dans l'échancrure
de la mâchoire supérieure, qu'elle ne dépasse qu'à peine ou même
pas du tout ; elle est très ascendante ; une ligne, tirée directement
de son extrémité au milieu de la base de la caudale, passe, lorsque la bouche est close, bien au-dessus de l'insertion de la pectorale. Les dentaires sont larges, très-inclinés de haut en bas de
façon à former une espèce de carène par le rapprochement de leur
bord interne. La fente de la bouche est fort oblique ; elle est aussi
très grande, elle se prolonge en arrière jusque sous le bord postérieur de l'orbite. L'extrémité postérieure du maxillaire supérieur est élargie. Les mâchoires sont munies de dents très courtes, très fines, placées sur plusieurs rangées ; il y a des dents sur
le vomer et sur les arcades ptérygo-palatines ; les dents ptérygo-
palatines, autant qu'il est permis d'en juger sur un spécimen
qu'on ne peut étudier qu'avec les plus minutieuses précautions,
paraissent disposées en série unique, et relativement beaucoup
plus développées que les dents qui garnissent les mâchoires.

L'œil est développé, rapproché du profil supérieur de la tête ;
il est protégé par une pièce sourcilière, un os sus-orbitaire, fort
large. Son diamètre mesure presque le tiers de la longueur de la
longueur de la tête ; il fait le double de l'espace préorbitaire ; il

est égal à l'espace interorbitaire. Au milieu de l'espace interorbitaire commence une crête qui s'avance, en s'élevant, entre les narines et se porte vers la branche interne des intermaxillaires. Les os sous-orbitaires se continuent jusqu'auprès du bord postérieur et supérieur de l'orbite ; ils vont rejoindre l'angle postérieur de l'os sus-orbitaire.

Vers le bord antérieur de l'orbite est un osselet (le nasal de Cuvier), mince, convexe, percé d'un orifice arrondi, qui est l'orifice postérieur de la narine.

La fente branchiale est très-grande, elle s'étend depuis l'aplomb du bord antérieur de l'orbite jusqu'au-dessus de la ligne prolongée en arrière du diamètre horizontal de l'œil. La crainte de détériorer plus encore un sujet en fort mauvais état, m'a empêché de compter les rayons branchiostèges ; ils sont au nombre de dix, suivant M. le Dr Sarato.

La ligne latérale est très nettement dessinée ; elle est formée de grandes écailles dont la hauteur est à peine moindre que la longueur du diamètre vertical de l'œil ; elle est composée d'une quarantaine d'écailles. — Écail., l. lat. 40 à 43.

La première dorsale commence au-dessus de la base des ventrales ; elle est, chez le sujet que j'étudie, d'un tiers environ plus haute que longue ; après ses derniers rayons se trouvent, à la suite les unes des autres quelques écailles impaires, trois ou quatre, recouvrant la crête du dos, comme les faîtières d'une toiture, puis se remarque un sillon très prononcé qui se continue jusqu'à l'adipeuse ; les bords du sillon sont garnis de chaque côté d'une rangée d'écailles, au nombre de cinq ou six. L'adipeuse est relativement développée ; elle est placée un peu en avant de la fin de l'anale. L'anale est basse, elle a deux fois plus de longueur que de hauteur ; elle est soutenue par vingt et un ou vingt-deux rayons. La pectorale est placée plus haut que dans le Scopèle de Humboldt, et malgré cette disposition, une ligne, menée directement du bout de la mandibule ou du museau au milieu de la base de la caudale, passe au-dessus de la pectorale, tandis que chez le Scopèle de Humboldt, une ligne, suivant le même plan, traverse la base de la nageoire ; la pectorale est longue ; sa pointe arrive à l'aplomb du milieu de la longueur de la ventrale. Les ventrales sont en grande partie recouvertes par un large bouclier écailleux, lorsqu'elles sont dans l'adduction ; ce bouclier, beaucoup plus grand que celui du Scopèle de Humboldt, mesure, chez le sujet que j'étudie, 0,010 de longueur, il fait donc plus de trois quarts de la longueur de la nageoire.

Br. 10. — D. 11 ou 12 —; A. 21 ou 22; C. 2/20 à 22/3; P. 11 ou 12; V. 8.

Le système de coloration est à peu près semblable à celui du Scopèle de Humboldt. La teinte est d'un gris brunâtre ou chocolat sur le dos, glacé d'argent sur les flancs et le ventre. Le long du profil inférieur du tronc, entre la ceinture scapulaire et les ventrales, il y a de chaque côté cinq points lumineux ; il y en a quatre ou cinq entre les ventrales et l'anale, dix-huit à vingt, de chaque côté, de l'anale à la caudale ; en dessous un peu avant la base de la caudale sont trois écailles dorées, placées entre les points lumineux. Vers la ceinture scapulaire, se montrent deux points lumineux, l'un au-dessous, l'autre au-dessus de la pectorale ; de plus vers le bas de l'insertion de la pectorale brille un point lumineux, placé d'une façon symétrique à droite comme à gauche. Enfin, il existe encore quelques points brillants le long du bord inférieur de la ligne latérale ; près de la symphyse de la mandibule il y a sur chaque dentaire un point brillant, je n'en vois pas d'autres, ont-ils disparu ? C'est possible.

Habitat. Méditerranée, Nice, accidentellement.

Proportions : long. totale 0,114, sans la caudale, 0,1005; tronc, haut. 0,021, épais. 0,012.

Tête, long. 0,025, haut. 0,020, épais. 0,012. — Œil, diam. 0,008. esp. préorbit. 0,004, esp. interorbit. 0,08.

Caudale, un peu brisée, long. 0,0135; pectorale, long. 0,021 ; ventrale, long. 0,013; bouclier des ventrales, long. 0,010. — Première dorsale, haut. 0,017, long. 0,012; seconde dorsale, haut. 0,006; anale, haut. 0,010, long. 0,022.

Distance du bout du museau à : première dorsale 0,043 ; seconde dorsale, 0,080; anale, 0,063 ; pectorale, 0,029; ventrale, 0,043.

LE SCOPÈLE DE CANINO — *SCOPELUS CANINIANUS.*

Syn. : Myctophum punctatum, CBp., *Fn. ital.*, fig., *Cat.*, p. 36, n° 300 (non Rafin.).
Le Scopèle de Canino, Scopelus Caninianus, Cuv. et Valenc., t. XXII. p. 445.
Scopelus caninianus, Günth., t. V, p. 409 ; Canestr., *Fn. Ital.*, p. 124 ; Giglioli, *Cat. Pesc. ital.*, p. 100, n° 350.

Long. : 0,07 à 0,10.
Ainsi que Valenciennes le fait judicieusement remarquer, le *Myctophum punctatum* de la Faune italienne n'est nullement le *Myctophum punctatum* de Rafinesque ; c'est une espèce nouvelle qu'il a désignée sous l'un des titres du prince C. Bonaparte.

Chez le Scopèle de Canino, le tronc est allongé ; la hauteur, qui l'emporte d'un tiers et plus sur l'épaisseur, est comprise cinq fois et demie à six fois dans la longueur totale. La ligne du dos et celle du ventre vont se rapprochant d'une façon régulière, depuis la ceinture scapulaire jusqu'au tronçon de la queue, lequel mesure le tiers au moins de la plus grande hauteur du tronc. Le corps est couvert d'écailles minces, lisses, assez grandes.

La tête est nue, à profil antérieur arqué ; sa longueur, qui l'emporte d'un quart environ sur la hauteur, est contenue quatre fois à quatre fois et un tiers dans la longueur totale. La fente de la bouche est très grande, elle dépasse le bord postérieur de l'orbite ; elle est légèrement oblique d'avant en arrière. Les mâchoires sont garnies de petites dents, fort courtes, aiguës. Le maxillaire supérieur arrive en arrière jusqu'au préopercule ; son extrémité postérieure est légèrement élargie. A la mandibule, le dentaire est large ; son bord interne est incliné vers la ligne médiane, et, par suite de cette disposition, forme une espèce de carène avec celui du côté opposé ; le bord externe présente une saillie de plus en plus prononcée allant de la symphyse à son extrémité postérieure ; sous la partie inférieure et antérieure de chacun des dentaires est un point brillant. Sur un des spécimens que j'ai étudiés, j'ai observé un petit point lumineux en avant de l'œil, presque dans la fossette nasale, vers le bord supérieur de la mâchoire ; ce point n'est pas aussi distinct que ceux qui suivent le profil inférieur du corps.

L'œil est garanti par un sourcil fort saillant ; il est très développé ; son diamètre est contenu deux fois et quart à peu près dans la longueur de la tête, il fait le double de l'espace préorbitaire, il est au moins aussi grand, sinon plus, que l'espace interorbitaire. Du milieu de l'espace interorbitaire descend, vers le bout du museau, une crête très marquée, haute, mince, presque tranchante, rappelant la crête qui se montre dans le Scopèle de Humboldt.

Les pièces operculaires sont très minces ; en arrière du bord postérieur du préopercule se montre parfois un point fort brillant.

La ligne latérale est bien marquée ; elle est droite.

La première dorsale commence au-dessus, ou à peine en arrière de la base des ventrales ; elle est d'un tiers environ plus haute que longue ; sa hauteur est à peu près égale à celle du tronc en avant ; elle présente la figure d'un quadrilatère ; le bord supérieur est légèrement convexe. L'anale a son origine sous le tiers postérieur de la première dorsale ; elle a une longueur sensiblement égale à sa hauteur. La caudale est fourchue ; sa longueur est contenue de cinq fois et demie à sept fois dans la longueur totale. La pectorale est allongée ; sa pointe dépasse généralement en arrière la base de la ventrale ; le nombre des rayons est de huit le plus souvent. La ventrale est assez large ; elle est assez courte ; elle n'arrive pas, du moins chez les sujets que j'ai examinés, à la base de l'anale.

D. 13 ou 14 — ; A. 20 ; C. 5/20/4 ; P. 8 ou 9 ; V. 8 ou 9,

De la tête, ou plutôt de la ceinture scapulaire à la base de la caudale, existe de chaque côté une série de points brillants argentés, cerclés de noir, qui sont plus espacés de la ceinture scapulaire à l'origine de l'anale que de l'anale à la base de la caudale ; juste au-devant de l'anus est une demi-ceinture allant d'une ligne latérale à l'autre, en passant sous le ventre ; chaque moitié de cette demi-ceinture est formée de quatre points lumineux, en comptant ceux des séries longitudinales. Il existe encore des points brillants vers la ceinture scapulaire. La tête et le dos sont d'un vert foncé, noirâtre; les côtés paraissent argentés, ou d'un blanc légèrement roussâtre.

Habitat. Méditerranée, Nice, accidentellement.

Proportions : long. totale 0,080 ; tronc, haut. 0,014, épais. 0,009.

Tête, long. 0,018, haut. 0,014, épais. 0,009. — Œil, diam. 0,008, esp. préorbit. 0,004, esp. interorbit. 0,007.

Caudale, long. 0,011 ; pectorale, long. 0,011 ; ventrale, long. 0,009. — Première dorsale, haut. 0,014, long. 0,009; anale, haut. 0,014, long. 0,015.

Distance du bout du museau à : première dorsale 0,031; seconde dorsale 0,054; anale, 0,040; pectorale, 0,021 ; ventrale, 0,030.

LE SCOPÈLE DE RAFINESQUE — *SCOPELUS RAFINESQUII.*

Syn. : Nyctophus Rafinesquii, Cocco, *Let. Salmon. mare di Messina*, p. 20, pl. 3, fig. 7.

Myctophum Rafinesquii, CBp., *Fn. ital.*, pl. 120, fig. 4 et non 2, *Cat.*, p. 36, n° 301.

Le Scopèle de Gemellaro, Scopelus Gemellari, Cuv. et Valenc., t. XXII, p. 445.

Scopelus rafinesquii, Günth., t. V, p. 410 ; Canestr., *Fn. Ital.*, p. 125 ; Giglioli, *Cat. Pesc. ital.*, p. 100, n° 352.

Il existe une confusion dans la légende de la pl. 120 de la Faune italienne de C. Bonaparte. La figure 2 est non celle du *Myctophum Rafinesquii*, mais bien celle du *Myctophum Gemellari;* la figure représentant le *Sc. Rafinesquii* est la figure 4; la comparaison du texte avec la figure ne laisse aucun doute à cet égard. Mais, ce qui est plus extraordinaire, c'est de voir une erreur semblable se reproduire dans la désignation du Scopèle envoyé par le prince de Canino à Valenciennes sous le nom de *Myctophum Rafinesquii.* Ce spécimen, décrit par Valenciennes d'une façon très-exacte, t. XXII, p. 444, est le *Scopellus Gemellari.*

Long. : 0,070 à 0,10.

De la ceinture scapulaire à la base de la caudale, le corps va diminuant d'une façon graduelle et peu prononcée; le profil supérieur est peut-être un peu plus oblique que le profil inférieur. La hauteur du tronc, qui mesure le double environ de l'épaisseur, est comprise quatre fois à quatre fois et quart dans la longueur totale ; elle fait plus de deux fois la hauteur du tronçon de la queue.

Ainsi que le fait judicieusement observer Cocco, la tête, qui est très développée, forme le tiers antérieur de l'animal, la nageoire de la queue non comprise ; son épaisseur semble l'emporter un peu sur celle du tronc. Le profil antérieur de la tête dessine une courbe très prononcée, une espèce de quart de cercle. Le museau est court ; il porte une carène ou une crête assez forte, qui descend de l'espace interorbitaire. La bouche est largement ouverte ; sa fente oblique de haut en bas et d'avant en arrière, arrive presque vers l'angle du préopercule. Quand la bouche est fermée, les mâchoires paraissent de même longueur, et la carène, formée par le bord interne des dentaires, se portant à l'extrémité de la mandibule, semble continuer la carène qui descend du museau, les mâchoires n'étant séparées, en avant, l'une de l'autre que par un intervalle très étroit ; toujours quand la bouche est fermée, la mâchoire supérieure déborde la mandibule sur les côtés. Les mâchoires sont garnies de petites dents en velours ; il y en a jusqu'à l'extrémité postérieure du maxillaire supérieur qui ne présente aucun élargissement. La langue est aussi munie de dents. La muqueuse de la bouche est d'un violacé excessivement foncé, noirâtre on peut dire.

L'œil est fort grand ; son diamètre est compris deux fois et demie dans la longueur de la tête ; il est égal à l'espace interorbitaire, il fait un peu moins du triple de l'espace préorbitaire. Le pourtour de l'orbite est bien saillant. Un large sourcil augmente la surface de l'espace interorbitaire. Vers la jonction du bord inférieur et du bord antérieur de l'orbite, est un petit sousorbitaire remarquable par sa teinte brillante soit dorée, soit argentée. L'espace interorbitaire est large, nous l'avons dit ; sur sa partie médiane est une espèce de fossette ovale, recouverte par la peau ; du bord antérieur de cette fossette part la crête ou la carène qui descend sur la mâchoire supérieure.

Les ouïes sont largement ouvertes ; la muqueuse tapissant les parois de la chambre branchiale est noirâtre. Le bord postérieur de l'opercule est légèrement échancré, et la rencontre de ce bord avec le bord supérieur forme un angle très dessiné, une espèce de pointe mousse.

De l'angle supérieur et postérieur de l'opercule, la ligne latérale se porte directement jusqu'au milieu de la base de la caudale. Elle est composée de trente-deux à trente-quatre écailles; ces écailles sont larges et surtout très hautes; elles sont, comme le fait remarquer le prince de Canino, un peu réniformes. Éc., l. lat., 32 à 34; l. transv. $\frac{2}{2-3} + 1 = 5$ ou 6?.

La première dorsale commence au-dessus de la base des ventrales, ou à peine en arrière; elle est plus haute que longue. L'anale a son origine sous les derniers rayons de la première dorsale. La caudale est échancrée. Les pectorales sont assez courtes; leur pointe n'arrive qu'à la base des ventrales. Au contraire les ventrales sont développées; elles sont près d'un tiers plus longues que les pectorales.

D. 12 —; A. 11 à 13; C. 3/20/4; P. 9; V. 8.

La teinte est d'un brun marron sur le dos et le dessus de la tête; les côtés sont argentés. Il y a des points brillants vers le profil inférieur du corps, mais ils ne sont pas disposés en séries régulières, excepté de l'origine de l'anale à la base de la caudale; il y a quelques points brillants cachés sous l'abdomen; il y en a d'autres placés sans aucune symétrie entre la ligne latérale et le profil inférieur du corps; il s'en trouve quelques-uns sur les pièces operculaires. Un point brillant très remarquable est sous le bord antérieur du sourcil, au-dessus de la narine, près de la crête médiane, qui le sépare de celui du côté opposé. Outre ces points très larges, il en existe parfois encore un ou deux excessivement petits sur le bord antérieur de l'orbite.

Pour finir, rappelons la teinte foncée de la muqueuse tapissant les parois de la bouche et de la chambre branchiale.

Habitat. Méditerranée, Nice. excessivement rare.

Proportions : long. totale 0,072; tronc, haut. 0,017, épais. 0,009. Tête, long. 0,0205, haut. 0,016, larg. 0,010. — Œil, diam. 0,008, esp. préorbit. 0,003, esp. interorbit. 0,008. — Mâchoire supérieure, long. 0,014.

Caudale, long. 0,009 ; pectorale, long. 0,010 ; ventrale, long. 0,014. — Première dorsale, haut. 0,015, long. 0,011 ; anale, haut. 0,009, long. 0,010.

Distance du bout du museau à : première dorsale 0,031 ; seconde dorsale, 0,034 ; anale, 0,043 ; pectorale, 0,024 ; ventrale, 0,031.

LE SCOPÈLE DE BENOIT — *SCOPELUS BENOITI*.

Syn. : Scopelus Benoisti, Cocco, *Let. Salmon. marc di Messina*, p. 12, pl. 2, fig. 4.

Scopelus Benoiti, CBp., *Fn. ital.*, fig., *Cat.*, n° 305 ; Günth., t. V, p. 406 ; Canestr., *Fn. Ital.*, p. 123 ; Giglioli, *Cat. Pesc. ital.*, p. 100, n° 348.

Sous le nom de Scopèle de Humboldt, Risso a donné, dans son Ichthyologie, une figure qui rappelle mieux le Scopèle de Benoit que l'autre espèce. — C'est pour cette raison qu'à propos de la synonymie du *Sc. Humboldti*, j'ai cru devoir citer celle du *Sc. Benoiti*, mais avec un point d'interrogation, V. t. III, p. 505.

Long. : 0,05 à 0,06.

Le Scopèle de Benoist ou plus correctement de Benoit, reste toujours de petite taille. Le corps est de forme moyennement allongée ; la hauteur, qui fait presque le double de l'épaisseur, est contenue environ cinq fois dans la longueur totale. Le profil du dos est légèrement déclive d'avant en arrière ; le profil du ventre décrit une courbe, peu prononcée, de la ceinture scapulaire à l'anale, puis remonte doucement vers la base de la caudale. La hauteur du tronçon de la queue mesure, à peu près, le tiers de la plus grande hauteur du tronc.

Quant à la tête, elle est un peu moins haute que longue ; sa longueur est comprise quatre fois dans la longueur totale ; cette proportion est un peu différente de celle qui est indiquée soit par C. Bonaparte, soit par Canestrini, mais elle concorde avec la proportion du sujet représenté dans l'Iconographie de la Faune italienne. Le profil supérieur est faiblement déclive ; le museau est obtus. La fente de la bouche est plus oblique que dans le Scopèle de Humboldt ; le bord antérieur et inférieur de l'intermaxillaire est en quelque sorte sur le prolongement du diamètre horizontal de l'œil. Les deux mâchoires sont garnies d'une bande assez étroite de dents en velours, légèrement crochues, à peu près égales ; à la mandibule, les dents paraissent disposées en séries un peu plus nombreuses qu'à la mâchoire supérieure, sur laquelle elles sont insérées jusqu'à l'extrémité du maxillaire, qui est triangulaire, sensiblement élargie, arrivant à peine à l'aplomb du bord postérieur de l'orbite. La mâchoire inférieure est ascendante, manifestement plus allongée que la supérieure ; elle présente, vers la symphyse, un petit tubercule qui s'applique dans l'échancrure de l'intermaxillaire. Sous chacune de ses branches se voient deux points oculiformes, placés symétriquement, le premier est rapproché de la symphyse. Le bord inférieur de chacun des dentaires, incliné en dedans, forme, avec celui du côté opposé, une carène au milieu de l'espace intramandibulaire.

L'œil est fort grand ; son diamètre est contenu environ deux fois et un tiers dans la longueur de la tête. L'espace interorbitaire s'abaisse, de chaque côté, du sourcil vers la ligne médiane, de sorte qu'une coupe perpendiculaire présenterait la figure d'un V ; du fond de l'espace interorbitaire, à peu près vis-à-vis de l'extrémité prolongée du diamètre vertical de l'œil, part une petite crête, basse, tranchante, qui se termine en avant à la ligne horizontale passant par les orifices des narines.

Les branchies sont largement ouvertes.

Les écailles de la ligne latérale sont cordiformes ; elles sont traversées par un canal assez large. Sous ces écailles, il m'a semblé voir des papilles nerveuses de forme allongée.

La première dorsale commence sur la moitié antérieure de la longueur totale, à peu près au-dessus de l'insertion des ventrales. La seconde dorsale paraît au-dessus ou un peu en arrière du milieu de l'anale. La hauteur de l'anale est égale à la longueur de sa base. La caudale est légèrement fourchue. Les pectorales sont longues ; leur pointe arrive à l'aplomb de l'anus. Les ventrales sont moitié moins longues que les pectorales.

D. 12 ou 13 — ; A. 17 ou 18 ; C. 4/19/4 : P. 17 ou 18 ; V. 7 ou 8.

Chez le spécimen que j'étudie le dessus de la tête est noirâtre ; il y a deux points brillants sur chacun des dentaires ; un autre point brillant apparaît sous le bord antérieur de l'orbite ; deux ou trois points lumineux se montrent vers le bord postérieur de l'opercule. De l'angle de la ceinture scapulaire à l'anale existent en bas deux séries irrégulières de points lumineux qui se continuent ensuite sur la partie inférieure du tronçon de la queue. La ceinture scapulaire porte de chaque côté trois points lumineux, le premier au-dessus de la pectorale, le second au bas de l'insertion de la nageoire, le troisième vers le profil inférieur du tronc. Le long des flancs, se montrent, éloignés les uns des autres, trois à cinq points lumineux ; enfin sur la ligne latérale, il y a deux points brillants de chaque côté ; le premier répond à la dorsale antérieure, l'autre à la seconde dorsale. Tous les points lumineux sont cerclés de noir. Les nageoires sont pâles ; la caudale est d'un gris clair avec un pointillé plus foncé.

Habitat. Méditerranée, Nice, excessivement rare.

Proportions : long. totale, 0,057 ; tronc, haut. 0,011, épais. 0,006.

Tête, long. 0,014, haut. 0,012, larg. 0,007. — Œil, diam. 0,006, esp. préorbit. 0,003, esp. interorbit. 0,003. — Mâchoire supérieure, long. 0,010.

Caudale, long. 0,011 ; pectorale, long. 0,014 ; ventrale, long. 0,007. — Première dorsale, haut. 0,011, long. 0,007 ; anale, haut. 0,010, long. 0,010

Distance du bout du museau à : première dorsale 0,022 ; seconde dorsale 0,035 ; anale 0,030 ; pectorale 0,016 ; ventrale 0,0215.

LE SCOPÈLE DE RISSO — *SCOPELUS RISSOI.*

Syn. : Scopelus Risso, Cocco, *Let. Salmon. mare di Messina*, p. 15. pl. 2, fig. 5 ; CBp., *Fn. ital.*, fig., *Cat.*, p. 36, n° 306.

Le Scopèle de Risso, Scopelus Rissoi, Cuv. et Valenc., t. XXII, p. 446.

Scopelus Rissoi, Günth., t. V, p. 405 ; Canestr., *Fn. Ital.*, p. 123 ; Giglioli, *Cat. Pesc. ital.*, p. 180, n° 347.

Long. : 0,040 à 0,050.

Ses formes ramassées font reconnaître facilement le Scopèle de Risso.

Le tronc est épais, court, très-haut ; sa hauteur, qui est double de l'épaisseur, est comprise environ trois fois et quart dans la longueur totale. Le tronçon de la queue est fort ; sa hauteur est un peu moindre que la moitié de la hauteur du tronc. En dessous, l'abdomen est aplati de la ceinture scapulaire à l'insertion des ventrales ; il est garni d'écailles agencées entre elles de façon à figurer quatre ou cinq petits écussons. Le corps est couvert d'écailles lisses ; celles de la ligne latérale sont très hautes.

La tête est développée ; sa longueur, qui est à peu près égale à sa hauteur, est contenue trois fois et quart à trois fois et demie dans la longueur totale. Son profil antérieur dessine une courbe régulière à peu près d'un quart de cercle. Le museau est excessivement court. La fente de la bouche, qui est oblique, s'étend jusqu'au prolongement du diamètre vertical de l'œil. La mâchoire supérieure est un peu moins avancée que la mandibule ; le maxillaire supérieur arrive, en arrière, à peine à l'aplomb du bord postérieur de l'orbite ; son extrémité postérieure est un peu élargie, surtout vers le bord inférieur, elle est légèrement triangulaire. La mandibule est médiocrement proéminente, elle est relevée en avant ; elle montre l'extrémité des dentaires, quand la bouche est fermée, un peu au-dessus de la ligne prolongée horizontalement du bord inférieur de l'orbite ; elle est large en dessous, et, comme dans la plupart des Scopèles, le bord interne de ses branches, rapprochées l'une de de l'autre, forme avec celui du côté opposé, une carène fort saillante jusqu'à la symphyse, qui présente en avant une espèce de tubercule proéminent. Les mâchoires sont garnies de fort petites dents en velours.

L'œil est très développé ; son diamètre mesure la moitié de la longueur de la tête ; il fait le triple de l'espace préorbitaire. L'espace interorbitaire est légèrement déprimé ; sa largeur est à peine plus grande que la moitié du diamètre de l'œil. De l'espace interorbitaire descend une carène bien saillante.

Vers le bord antérieur de l'orbite, se voit l'ouverture tubuleuse de la narine.

Les ouïes sont largement ouvertes.

De la ceinture scapulaire, la ligne latérale descend légèrement jusque sous la première dorsale, puis gagne directement le milieu du tronçon de la queue ; elle est formée d'écailles trèsdéveloppées, deux fois plus hautes que longues, occupant un large espace sur les côtés du corps. En avant de la première dorsale, il y a généralement au-dessus de la ligne latérale trois écailles et deux ou trois en dessous; on compte trente-deux ou trente-trois écailles dans la ligne longitudinale. Éc., l. long. 32 ou 33; l. transv. $\frac{3}{2 \text{ ou } 3} + 1 = 6$ ou 7.

Sur le spécimen dont j'indique les proportions, la première dorsale commence juste au milieu de la longueur totale; elle a un peu plus de hauteur que de longueur; elle compte souvent, ainsi que l'anale, un nombre de rayons plus grand que celui généralement indiqué par les ichthyologistes. Les pectorales sont très longues, elles font presque le double des ventrales; elles arrivent à l'aplomb de l'origine de l'anale. Les ventrales sont courtes, arrondies.

D. 13 à 17 —; A. 17 à 20; C. 4/18/5; P. 17; V. 7 ou 8.

La teinte est d'un brun foncé sur le dos; elle est argentée sur les côtés. Il y a deux points brillants sur chacun des dentaires; il existe parfois un point brillant et même deux le long ou près du bord ascendant du préopercule, qui est plus ou moins rugueux. De la ceinture scapulaire à la caudale, il se trouve, vers le profil inférieur du corps, une rangée de points brillants sur chaque côté; des points lumineux sont dispersés près de la ceinture scapulaire, à la base des pectorales et sur les flancs.

Habitat. Méditerranée, Nice, excessivement rare.

Proportions : long. totale 0,046; tronc, haut, 0,0145, épais. 0,007.

Tête, long. 0,014, haut. 0,014, épais. 0,0075. — OEil, diam. 0,007, esp. préorbit. 0,002, esp. interorbit. 0,004. — Mâchoire supérieure, long. 0,010.

Caudale, long. 0,007; pectorale, long, 0,011; ventrale, long. 0,006. — Première dorsale, haut. 0,010, long. 0,008; anale, haut. 0,007. long. 0,013.

Distance du bout du museau à : première dorsale, 0,023; seconde dorsale, 0,032; anale, 0,024; pectorale, 0,015; ventrale, 0,018.

GENRE MAUROLICUS.

T. III, p. 509.

Ce genre est composé de trois espèces :

Longueur de la tête faisant le	quart de la longueur totale. Museau	relevé	1. M. AMÉTHYSTE.
		droit ou plutôt oblique.	2. M. ATTÉNUÉ.
	tiers de la longueur totale.		3. M. DE POWER.

LE MAUROLICUS ATTÉNUÉ — *MAUROLICUS ATTENUATUS.*

Syn. : MAUROLICUS ATTENUATUS, Cocco, *Alc. Salmon. Lett.*, p. 33, pl. 4, fig. 13; CBp., *Fn. ital.*, fig. (Maurolico del Tenore), *Cat.*, p. 36, n° 303; Günth., t. V, p. 390; Canestr., *Fn. Ital.*, p. 120; Giglioli, *Cat. Pesc. ital.*, p. 100, n° 341.

Le Scopèle de Tenore, SCOPELUS TENOREI, Cuv. et Valenc., t. XXII, p. 440.

? Scopèle à petites dents, SCOPELUS ANGUSTIDENS, Risso, dans *Mem. Accad. Sc. Torino*, 1820, t. XXV, p. 267.

Autant, dit Valenciennes, que je puis en juger par la description incomplète que M. Risso a donnée de son *Scopelus angustidens*, je ne m'étonnerais pas que l'espèce de M. Risso n'appartînt à notre *Scopelus Tenore*, puisqu'il lui donne un museau pointu.

Au nom spécifique donné par Cocco au Maurolicus que nous allons décrire, Valenciennes a cru devoir substituer celui de *Tenore;* il nous semble inutile d'adopter ce changement.

Long. : 0,040 à 0,060.

Cette espèce se fait remarquer par sa forme allongée. De la ceinture scapulaire à la base de la caudale, la ligne du dos et celle du ventre vont se rapprochant l'une de l'autre d'une façon régulière et assez peu sensible; entre ces deux points extrêmes, la hauteur ne varie que de moitié, en avant elle est contenue environ six fois dans la longueur totale. Le corps est complètement nu; je n'ai trouvé du moins aucune trace d'écailles.

La tête est d'aspect triangulaire; sa longueur, qui l'emporte d'un tiers environ sur sa hauteur, mesure le quart de la longueur totale. Le museau est régulier; il s'abaisse en suivant un plan doucement incliné de l'espace interorbitaire à la fente buccale; il n'est pas relevé à son extrémité. Lorsque la bouche est fermée, les mâchoires paraissent de même longueur. La mâchoire supérieure a une forme qui rappelle celle de la mâchoire de l'Alose, sauf la dentition bien entendu; elle est très longue, elle dépasse en arrière l'aplomb du bord postérieur de

l'orbite; son bord dentaire est légèrement échancré vers la fin
de la branche horizontale de l'intermaxillaire. Cet os est armé
de plusieurs dents longues, crochues entre lesquelles s'en trouvent de plus petites, qui ne sont ou ne paraissent nullement
crochues. Le maxillaire supérieur s'élargit en arrière; il dessine
une ligne légèrement courbe; il porte une rangée de dents qui
se termine à son angle postérieur; ces dents sont longues, pointues; dans les espaces qui les séparent, il en existe de beaucoup
plus petites, plus courtes. La mandibule porte des dents crochues
moins longues que celles de la mâchoire supérieure; entre ces
dents crochues, il y en a d'autres excessivement peu développées. De chaque côté de la tête, sur le sujet que j'étudie, je
distingue deux points brillants : l'un au-devant de l'orbite, un
peu au-dessous de l'orifice antérieur de la narine; l'autre est sur
la joue, au sommet de l'angle formé par l'intersection de deux
lignes, la première descendant du bord postérieur de l'orbite, la
seconde menée en arrière perpendiculairement au diamètre vertical de l'œil. Deux autres points lumineux se remarquent
encore sur les pièces operculaires.

L'œil est grand; son diamètre mesure presque le tiers de la
longueur de la tête.

La fente des branchies est étendue; le bord postérieur du
battant operculaire est courbe.

Un peu en arrière de la base des ventrales commence la première dorsale; elle se termine au-dessus des rayons antérieurs
de l'anale; elle est à peu près aussi haute que longue. L'anale
est un peu moins haute que longue. La caudale est fourchue.
La pointe de la pectorale arrive à la base de la ventrale, qui est
placée à peu près au milieu de l'intervalle qui sépare l'insertion
de la nageoire thoracique du commencement de l'anale. La
ventrale est un peu moins développée que l'autre nageoire paire.

D. 10 à 12? —; A. 15; C. 7/19/5; P. 9 ou 10; V. 6 à 8.

De l'angle de la mâchoire inférieure se dirigent en arrière
deux séries de points brillants, qui passent dans l'intervalle

séparant les pectorales et se continuent entre les ventrales ; un peu avant le commencement de l'anale, elles s'écartent l'une de l'autre, suivant de chaque côté la base de la nageoire, puis se rapprochent sur le tronçon de la queue pour venir se terminer au bord de l'insertion de la caudale. De chaque côté, il existe une autre série partant de la ceinture scapulaire et finissant vers la naissance de l'anale. Les points lumineux sont cerclés de noir. La teinte générale est assez brillante ; les flancs sont argentés ainsi que les pièces operculaires et les sous-orbitaires ; le dos et le dessus de la tête sont brunâtres. Les nageoires sont pâles.

Habitat. Méditerranée, Nice, très rare.

Proportions : long. totale, 0,040 ; tronc, haut. 0,007, épais. 0,004. Tête, long. 0,010, haut. 0,007, larg. 0,004. — Œil, diam. 0,003, esp. préorbit. 0,003, esp. interorbit. 0,0015. — Mâchoire supérieure, long. 0,007. Caudale, long. 0,007 ; pectorale, long. 0,007 ; ventrale, long. 0,005. — Première dorsale, haut. 0,007, long. 0,007 ; anale, haut. 0,005, long. 0,007. Distance du bout du museau à : première dorsale, 0,018 ; seconde dorsale, 0,026 ; anale, 0,022 ; pectorale, 0,011 ; ventrale, 0,017.

LE MAUROLICUS DE POWER — *MAUROLICUS POWERIÆ*.

Syn. : Gonostomus Poweriæ, Cocco, *Alc. Salmon. Lett.*, p. 7, pl. 1, fig. 2.
Ichthyococcus Poweriæ, CBp., *Fn. ital.*, fig., *Cat.*, p. 37, n° 308.
Le Scopèle de Power, Scopelus Poweriæ, Cuv. et Valenc., t. XXII, p. 441.
Maurolicus poweriæ, Günth., t. V, p. 390 ; (M. Poweriœ) Canestr., *Fn. Ital.*, p. 120 ; Giglioli, *Cat. Pesc. ital.*, p. 100, n° 340.

Long. : 0,030 à 0,050.

Remarquable par sa petitesse, le Maurolicus de Power ne paraît jamais dépasser la taille de 4 à 5 centimètres. Il a le corps oblong, comprimé. La hauteur du tronc, qui fait le double de l'épaisseur, est contenue environ cinq fois dans la longueur totale. Chez ce Poisson, il m'a semblé voir quelques écailles sous-épidermiques, formées de lamelles concentriques superposées.

La tête, de forme triangulaire, est relativement développée ; sa longueur mesure, ou peu s'en faut, le tiers de la longueur totale. Le museau est relevé en avant, un peu déprimé ou concave dans le milieu de l'espace interorbitaire. La bouche est largement ouverte; sa fente dépasse l'aplomb du bord postérieur de l'orbite. La mâchoire supérieure est un peu moins avancée que la mandibule; elle est élargie dans son tiers postérieur; les dents, placées sur une seule rangée, sont fort inégales; les unes sont très longues, pointues, les autres, insérées dans les intervalles que laissent entre elles ces grandes dents, sont courtes et crochues; toutes les dents paraissent disposées d'une façon à peu près symétrique, surtout en avant, il se trouve alternativement une longue dent, puis une courte; j'en compte une trentaine, de chaque côté, sur le bord de la mâchoire supérieure ou de l'intermaxillaire. La mandibule est proéminente; le bord inférieur de l'os dentaire est dirigé en dedans et de cette façon il forme aves celui du côté opposé une carène médiane assez prononcée; les dents semblent placées sur une seule rangée; elles sont moins inégales que celles de la mâchoire supérieure; elles sont relativement longues, les unes droites, les autres légèrement crochues. Vers le bord supérieur ou externe de chaque dentaire, il existe, au moins chez le spécimen que j'ai sous les yeux, une ligne de points brillants excessivement petits.

L'œil est rapproché du profil supérieur de la tête; il est développé; son diamètre fait presque le tiers de la longueur de la tête; il est plus grand d'un cinquième environ que l'espace préorbitaire, et d'un tiers que l'espace interorbitaire.

La fente des branchies est très étendue.

Chez des Animaux si délicats, exposés à la violence des flots, les nageoires sont bien souvent brisées, il devient difficile et même parfois impossible d'en indiquer la forme, les dimensions, et surtout de compter les rayons qui en constituent la charpente. La première dorsale est à peu près triangulaire; elle naît à peine plus en arrière que la base des ventrales. L'anale est basse, quadrilatérale; elle commence sous la fin de la première dorsale et se continue jusque vers l'aplomb de la seconde; on pourrait dire que la longueur de sa base est à peu près égale à l'intervalle qui sépare les deux nageoires du dos. La longueur de

la caudale mesure le cinquième de la longueur totale. La pectorale paraît de même longueur ; elle est relativement courte ; sa
pointe ne semble pas arriver à la base de la nageoire abdominale. Voici le nombre des rayons que j'ai comptés :

D. 12 ou 13 — ; A. 13 à 15? ; C. 6/17 ou 18/? ; P. 11 ou 12 ; V. 6 à 8.

Suivant Cocco, les pectorales sont un peu moins du double
de longueur que les ventrales ; le nombre des rayons des
nageoires est, avec certains points de doute, indiqué de la manière suivante :

D. 14? — ; P. 12? ; V. 6? ; A. 14 ; C. 16.

Le système de coloration varie suivant les régions du corps ;
les côtés sont d'un blanc argenté assez vif ; le dos et le dessus
de la tête sont d'un brun plus ou moins foncé, parfois presque
noirâtre. De la tête à l'anus existe une double rangée de points
brillants, beaucoup moins développés que ceux formant la rangée externe, qui se continue de la ceinture scapulaire à la racine
de la caudale ; tous ces points, excessivement serrés les uns
contre les autres, semblent constituer une espèce d'écusson
lumineux sur la partie inférieure du corps.

Cocco a dédié cette espèce à Jeannette Power qui a publié des
travaux sur l'Argonaute argo.

Habitat. Méditerranée, Nice, excessivement rare.
Proportions : long. totale, 0,030 ; tronc, haut. 0,006, épais. 0,003.
Tête, long. 0,0095, haut. 0,005.. — Œil, diam. 0,003, esp. préorbit. 0,0025,
esp. interorbit. 0,002. — Mâchoire supérieure, long. 0,006.
Caudale, long. 0,006 ; pectorale, long. 0,0035 ; ventrale, long. 0,0035. —
Première dorsale, haut. 0,004 ; anale, haut, 0,003.
Distance du bout du museau à : première dorsale, 0,016 ; seconde dorsale, 0,022 ; anale, 0,017 ; pectorale, 0,009 ; ventrale, 0,014.

GENRE ICHTHYOCOCCUS — *ICHTHYOCOCCUS*, CBp.

Syn. : Coccia, Güuth.

Corps haut, comprimé, couvert d'écailles minces, lisses. Points brillants sur les parties latérales et inférieures du corps.

Tête haute, comprimée, nue ; mâchoire supérieure recouvrant la mandibule, garnie d'une rangée de petites dents égales, régulières, aiguës, triangulaires, se touchant par la base, représentant en quelque sorte le bord d'une lame de scie ; mandibule peu ou pas dentée.

Appareil branchial ; ouïes largement ouvertes.

Nageoires ; première dorsale opposée aux ventrales ; pectorales insérées vers le bas de la ceinture scapulaire ; ventrales attachées sous la partie inférieure du tronc.

L'ICHTHYOCOCCUS OVALE — *ICHTHYOCOCCUS OVATUS.*

Syn. : Gonostomus ovatus, Cocco, *Alc. Salmon. Lett.*, p. 9, pl. 1, fig. 3.
Ichthyococcus ovatus, CBp., *Fn. ital.*, fig., *Cat.*, p. 37, n° 309 ; Vaill., *Erp. sc. Travail. et Talism.*, p. 104, pl. 14, fig. 2, anim. vu de profil, 2ᵉ anim., vu en dessous.
Le Scopèle ovale, Scopelus ovatus, Cuv. et Valenc., t. XXII, p. 453.
Coccia ovata, Günth., t. V, p. 388 ; Canestr., *Fn. Ital.*, p. 119 : Giglioli, *Cat. Pesc. ital.*, p. 89, n° 338.

Long. : 0,040 à 0,050.

Ainsi que l'indique son nom spécifique, ce poisson a le corps élevé ; la hauteur du tronc, qui fait presque le triple de l'épaisseur, est contenue trois fois à trois fois et quart dans la longueur totale. De la tête à la seconde dorsale, le profil supérieur est convexe, puis il devient presque droit jusqu'à la base de la caudale. Le profil inférieur est horizontal en avant de l'insertion des ventrales ; après, il se montre légèrement convexe jusqu'à l'origine de l'anale ; là, il se relève faiblement pour aller joindre, suivant une ligne légèrement oblique, le bord inférieur de la caudale. Le tronçon de la queue est relativement peu élevé ; sa hauteur est comprise trois fois à trois fois un tiers dans la hauteur du tronc. Le corps est couvert d'écailles imbriquées fort minces, variant de forme suivant la région qu'elles occupent. Les écailles du dos ont le bord libre arrondi ou plutôt convexe ; elles sont généralement disposées sur deux ou trois rangées, en avant de la première dorsale, sur deux séries de la première à la seconde dorsale ; il n'y en a plus qu'une rangée sur le tronçon de la queue, vers la base de la caudale. Les côtés sont garnis en avant de quatre ou cinq rangées d'écailles, s'étalant du dos à la ligne des points brillants ; au-dessus de l'anale, il ne paraît plus y avoir que deux ou trois séries d'écailles, elles deviennent difficiles à compter. Les écailles des flancs ont le bord libre moins convexe que celles du dos, elles sont hautes. Les écailles, qui revêtent la région inférieure du corps, présentent des dispositions particulières ; de la ceinture scapulaire à l'anus, il y a de chaque côté deux séries d'écailles verticales, et en dessous, deux séries d'écailles horizontales couvrant la surface aplatie, l'espèce de plastron de l'abdomen ; il existe par conséquent six rangées d'écailles, autant qu'il y a de points brillants. Vers les côtés de l'anale, les écailles sont placées obliquement de haut en bas et de dehors en dedans.

Sur les spécimens que j'étudie, il n'y a pas de différence sensible entre la hauteur et la longueur de la tête, qui est comprise environ trois fois et trois quarts dans la longueur totale. Le profil supérieur est convexe. Une légère carène part de l'espace interorbitaire et va jusque sur le milieu de l'espace préorbitaire. Le museau est obtus, avancé, recouvrant l'extrémité de la mandibule. Le maxillaire supérieur cache la partie latérale de la mâchoire inférieure. Les dents sont excessivement peu développées, pour ainsi dire microscopiques. La mâchoire supérieure présente l'aspect d'une lame de scie ; elle a le bord dentelé jusqu'à son extrémité postérieure. Examinées à un grossissement d'une trentaine de fois, les dents paraissent bien régulières, égales, disposées sur une seule rangée continue, se touchant par la base, triangulaires, à pointe tournée en arrière, semblables à de petits crochets ; au premier coup d'œil, cet arrangement si régulier peut faire supposer que le bord de la mâchoire est seulement dentelé et non garni de véritables dents Avec un grossissement d'environ deux cents fois, il est facile de distinguer la structure de ces petites dents, de voir la disposition des vaisseaux de la pulpe dentaire. La mandibule ne porte souvent que des scabrosités ; un individu toutefois, je l'ai constaté, avait deux dents, l'une grêle, allongée, l'autre conique.

L'œil est grand, son diamètre fait le tiers, et même plus, de la longueur de la tête ; il est égal à l'espace préorbitaire. L'es-

pace interorbitaire est excessivement étroit; de sa région antérieure, ainsi qu'il a été dit plus haut, part une petite carène qui
descend vers le museau.

La première dorsale commence sur la moitié antérieure de la
longueur totale; sa hauteur est à peu près égale à sa longueur.
La seconde nageoire du dos est très-exiguë; elle est reculée vers
la base de la caudale. L'anale est un peu plus longue que la première dorsale. La caudale est légèrement fourchue. L'insertion
des ventrales est vers le milieu de la longueur totale.

D. 12 à 14 — ?; A. 16 ou 17; C. 6/19 à 21/5; P. 8 ou 9; V. 6 ou 7.

Les flancs sont argentés, la teinte est lavée de brun; le dos
est noirâtre ou d'un bleu très-foncé; la partie inférieure du corps
est d'un noir fort brillant, comme vernissé; en avant cette coloration se continue jusque vers la symphyse de la mandibule.
Dans l'intervalle qui sépare les branches de la mâchoire inférieure, il y a deux rangées de points brillants. Sur chaque côté
de la mandibule se voit une courte série de six à huit points
lumineux, se terminant sous l'interopercule. De la ceinture scapulaire à la base des ventrales, la partie inférieure de l'abdomen est aplatie; elle est ornée d'une double rangée de points
brillants qui sont nettement séparés sur la ligne médiane de ceux
du côté opposé; en arrière de la base des ventrales, ces points
sont rapprochés, parfois même ils se touchent sur la ligne médiane; ils se continuent de chaque côté de l'anale et se terminent à la base de la caudale. Une série de points brillants,
séparée de la rangée inférieure par de petites plaquettes écailleuses, couvertes d'un pigment argenté fort éclatant, semble
double; cette série s'arrête vers l'anus ou vers le commencement
de l'anale. Les points brillants et les plaquettes qui les bordent
sont parfois confondus en une même teinte. A la tête existent
plusieurs points lumineux; vers la narine, se remarque un large
point noir formant presque une petite tache; près du bord inférieur de l'orbite, je distingue, sur plusieurs spécimens, deux
points brillants légèrement dorés; le point supérieur est un peu

plus accentué; il y a encore quelques points lumineux disséminés sur la joue et sur les pièces operculaires.

Habitat. Méditerranée, Nice, très-rare.

Proportions : long. totale 0,041 ; tronc, haut. 0,014, épais. 0,005.

Tête, long. 0,011, haut. 0,011, larg. 0,005. — Œil, diam. 0,004, esp. préorbit. 0,004, esp. interorbit. 0,001. — Mâchoire supérieure, long. 0,007.

Caudale, long. 0,008 ; pectorale, long. 0,010 ; ventrale, long. 0,006. — Première dorsale, haut. 0,006, long. 0,0035 ; anale, long. 0,006.

Distance du bout du museau à : première dorsale, 0,019 ; seconde dorsale, 0,029 ; anale, 0,028 ; pectorale, 0,011 ; ventrale, 0,021.

GENRE AULOPE.

T. III, p. 515 (supprimer le paragraphe relatif aux nageoires).

Valenciennes n'admet pas le genre *Chlorophthalmus* de C. Bonaparte ; il regarde le Chlorophthalme d'Agassiz comme un Aulope. — Agassiz d'ailleurs écrit qu'il est disposé à considérer le genre *Chlorophthalmus*, Bonap., comme le jeune âge du genre *Aulopus*, Cuv.; V. Agassiz, dans *Ann. Sc. nat.*, Paris, 1865, t. III, p. 57 (Observations sur les métamorphoses des Poissons).

Le genre Aulope se compose de deux espèces.

Diamètre de l'œil plus { petit que l'espace préorbitaire.   1. A. FILAMENTEUX.
{ grand que l'espace préorbitaire.   2. A. D'AGASSIZ.

L'AULOPE D'AGASSIZ — *AULOPUS AGASSIZI.*

Syn. : CHLOROPHTHALMUS AGASSIZI, CBp., *Fn. ital.*, fig., *Cat.*, p. 36, n° 295 ; Costa, *Fn. Napol.*, pl. 35 *bis;* Günth., t. V, p. 404 ; Canestr., *Fn. ital.*, p. 123 ; Giglioli, *Cat. Pesc. ital.*, p. 100, n° 346.

L'AULOPE d'AGASSIZ, Aulopus Agassizi, Cuv. et Valenc., t. XXII, p. 521.

AULOPUS AGASSIZI, Vaill., *Exp. sc. Travail. et Talism.*, p. 121, pl. 12, fig. 3-3ᵃ Sagitta, fig. 3ᵇ écaille du corps, fig. 3ᶜ écaille de la ligne latérale ; les figures ont le diam. 9 f. gross.

Günther, Canestrini, etc., écrivent *Agassizii*.

Long. : 0,10 à 0,14 et même 0,209, Vaill.

De la tête à la première dorsale, le tronc est de forme prismatique, carrée ; dans cette région, l'épaisseur est, ou peu s'en faut, égale à la hauteur, qui est contenue sept fois et quart à sept fois et demie dans la longueur totale. Puis le corps devient plus comprimé, et, à l'aplomb de l'anale, son épaisseur a dimi-

nué de moitié ; elle est alors égale à la hauteur du tronçon de la
queue. La position de l'anus est remarquable ; son ouverture
est placée entre les ventrales, à peine en arrière du tiers antérieur de la longueur des nageoires. Chez les jeunes animaux,
les rayons internes des ventrales recouvrent l'anus ; singulière
disposition qui rappelle celle qui se montre chez le *Louvaréou
impérial*. Ces Poissons pourraient être nommés *proctopodes* ou
pelvipodes, bien différents toutefois de ceux que de Blainville
avait ainsi désignés et qui sont les *Plagiostomes*. Du reste, nous
avons rappelé, t. II, p. 510, que Nardo avait donné au genre
Luvarus le nom de *Proctostegus*. Les écailles sont de moyenne
grandeur ; elles ont leur bord postérieur épineux ou plutôt
denticulé.

La tête est aplatie en dessus ; elle est longue ; sa longueur est
comprise trois fois et demie à quatre fois dans la longueur
totale. Le museau est large, court, déprimé. La mâchoire supérieure est beaucoup moins avancée que la mandibule ; elle est
échancrée dans sa partie médiane ; elle se porte en arrière à peu
près jusque sous le milieu de l'espace qui sépare le bord antérieur de l'orbite du diamètre vertical de l'œil. Elle est très-ar-
quée, présentant la figure d'un fer à cheval allongé ; ses branches
contournent les côtés de la mandibule et se portent sous la
gorge, où elles se rapprochent l'une de l'autre, et ne sont plus
séparées que par un intervalle moindre que le diamètre vertical
de l'œil ; pour bien voir cette disposition, il faut regarder la
tête en dessous. Le bord de la mâchoire supérieure est formé
par les intermaxillaires seuls ; ces os, qui sont très-grêles, lon-
gent toute la partie inférieure des maxillaires. L'extrémité du
maxillaire supérieur est élargie en palette. La mandibule, nous
l'avons dit, est plus longue que la mâchoire supérieure ; son
extrémité symphysaire est oblique de haut en bas et d'arrière en
avant ; de cette façon, lorsque la bouche est fermée, le menton est
relevé et semble continuer le profil supérieur de la tête. Les
mâchoires sont garnies de petites dents égales, légèrement crochues. Les tubercules latéraux du vomer portent chacun plu-

sieurs dents pointues, recourbées en avant; les palatins sont également dentés. La langue est large, bien détachée; elle est munie de petites dents. La bouche est grandement ouverte dans le sens vertical; sa muqueuse est d'un blanc rosé, assez pâle.

Excessivement développé d'avant en arrière, l'œil est de forme elliptique; son diamètre horizontal est compris deux fois et quart à deux fois et un tiers dans la longueur de la tête, il l'emporte d'un tiers et plus sur le diamètre vertical, qui est un peu moins grand que l'espace préorbitaire. L'espace interorbitaire est fort étroit, il ne mesure guère que le dixième de la longueur de la tête, il ne fait pas le quart du grand diamètre de l'œil. L'orbite entame profondément le profil supérieur de la tête. Les sous-orbitaires sont caverneux.

Près du bord antérieur de l'orbite, se voit l'orifice externe de la narine; il est assez étroit; l'orifice interne est ovale, à bord saillant.

La fente branchiale est très-longue; elle s'avance jusque sous le bord antérieur de l'orbite; l'opercule est irrégulier, trapé-zoïde, en arrière il se termine en un angle assez prononcé; son bord postérieur est échancré; cette échancrure, assez profonde, est en partie fermée par la membrane branchiostège. La muqueuse recouvrant le bord interne de la ceinture scapulaire est d'un blanc argenté, depuis l'échancrure operculaire jusque vers l'angle antérieur de la fente branchiale. Le bord postérieur du préopercule forme avec le bord inférieur un angle presque droit; la crête saillante du préopercule est caverneuse à sa partie inférieure, qui paraît ainsi dentelée.

La ligne latérale est légèrement déclive; elle va à peu près directement de l'épaule au milieu de la base de la caudale. Éc., l. l. 50 à 53; l. transv. $\frac{4}{5\ \text{ou}\ 6} + 1 = 10$ ou 11.

La première dorsale commence à l'origine du second tiers de la longueur totale; elle est plus haute que longue; ses deuxième, troisième, quatrième et cinquième rayons sont plus développés que les autres. La seconde dorsale est au-dessus de l'anale. L'anale est placée loin de l'anus; elle est plus haute que longue; ses

rayons les plus allongés sont le deuxième et le troisième. La
caudale n'est pas très-fourchue. Les pectorales sont longues ;
elles ont les rayons médians plus développés que les autres. Les
ventrales ont une longueur à peu près égale à celle des pectorales ; les trois premiers rayons externes sont plus allongés que
les autres.

Br. 10. — D. 11 ou 12 —; A. 9 ou 10; C. 6/18 à 20/7 ; P. 15 ou 16 ; V. 9.

Sur le vivant, la teinte générale est d'un vert bleuâtre ou oli-
vâtre. La coloration verdâtre de l'œil est fort remarquable chez
un Poisson osseux ; C. Bonaparte a cru devoir rappeler cette
particularité en composant le nom de genre *Chlorophthalmus*.
La tête est rougeâtre. Chez le sujet qui a séjourné dans l'alcool,
la teinte est d'un jaune rougeâtre assez clair ; de petites bandes,
formées de points noirs, descendent obliquement du dos sur
les côtés jusqu'au voisinage de la ligne latérale ; ces petites
bandes sont dirigées d'avant en arrière et de haut en bas. Des
points noirâtres se distinguent vers la base des rayons de l'a-
nale, au commencement de la nageoire, près de la racine des
ventrales. Les parties inférieures du corps sont argentées.

Habitat. Méditerranée, Nice, excessivement rare.
Proportions : long. totale 0,125 ; tronc, haut. 0,017, épais. 0,016.
Tête, long. 0,034, haut, 0,016, larg. 0,017. — Œil, diam. horizontal 0,014,
vertical 0,008, esp. préorbit. 0,010, esp. interorbit. 0,003. — Mâchoire
supérieure, long. 0,014.
Caudale, long. 0,020 ; pectorale, long. 0,024; ventrale, long. 0,023. —
Première dorsale, haut. 0,022, long. 0,015; anale, haut. 0,014, long. 0,009.
Distance du bout du museau à : première dorsale, 0,042; seconde dor-
sale, 0,083; anale, 0,083; pectorale, 0,032; ventrale, 0,045.

GENRE PARALÉPIS.

T. III, p. 518. — Il faut modifier le tableau, si, à l'exemple de quelques
auteurs, on regarde le P. élégant et le P. pseudocorégonoïde comme étant
de véritables espèces.

Première dorsale { opposée aux ventrales. Anale ayant	{ Taches sur le tronc { vingt-cinq rayons { grandes. au plus. { nulles.	1. P. ÉLÉGANT. 2. P. CORÉGONOÏDE.
	une trentaine de rayons....	3. P. PSEUDOCORÉGONOÏDE.
\placée en arrière des ventrales..........		4. P. SPHYRÉNOÏDE.

Les *Paralepis speciosus, coregonoides* et *pseudocoregonoides* forment-ils réellement trois espèces bien nettement déterminées? Le *P. speciosus* paraît être le jeune du *P. coregonoides*, Riss. ; quant au *P. pseudocoregonoïdes*, il ne se distingue du *P. coregonoides* que par le nombre un peu plus élevé des rayons de son anale, qui en compte cinq ou six de plus que celle du *P. coregonoïdes* ; cette différence est assurément peu importante quand il s'agit d'une nageoire soutenue par une assez grande quantité de rayons. C. Bonaparte n'en tenait pas compte d'abord, puisqu'il rapportait au *P. coregonoïdes* de Risso le spécimen dont il a donné la description et la figure dans la Faune italienne ; Valenciennes, dans le *Règne animal illustré*, pl. 18, fig. 2, a désigné également sous le nom de *P. coregonoïdes* un Paralépis dont l'anale est formée de trente rayons ; fait plus extraordinaire, c'est précisément·cette figure du *Règn. anim. ill.* que M. Bellotti considère comme représentant son *P. Cuvieri*, dont le caractère spécifique est d'avoir à l'anale vingt-trois rayons seulement.

LE PARALÉPIS ÉLÉGANT — *PARALEPIS SPECIOSUS.*

Syn. : PARALEPIS SPECIOSUS, Bellotti, *Paralepidini del Mediterraneo*, dans *Atti del Soc. Ital. sc. nat.*, Milano, 1877, vol. XX, fasc. 1, p. 5.

Long. : 0,070 à 0,10.

Quant aux formes, le Paralépis élégant a beaucoup de rapport avec le Paralépis corégonoïde ; chez l'un et chez l'autre, le profil supérieur dessine une courbe à peu près semblable. — La hauteur du tronc est contenue une dizaine de fois dans la longueur totale. Les écailles ont la forme caractéristique de celles du Paralépis corégonoïde.

La tête est développée ; sa longueur mesure le quart de la longueur totale. La mâchoire supérieure est un peu moins longue que la mandibule ; elles sont l'une et l'autre garnies d'une série de petites dents pointues ; il y en a quelques-unes en fins crochets sur le devant de la mâchoire supérieure. La bouche est fort grande; sa fente s'étend, en arrière, un peu plus loin que les orifices de la narine.

L'œil est arrondi ; il est plus ou moins développé ; très-probablement le développement est en raison inverse de celui de la taille de l'animal ; d'après M. Bellotti, le diamètre de l'œil est compris cinq fois et demie dans la longueur de la tête, et deux fois et demie dans la longueur du museau ; chez le spécimen que je tiens de son obligeance, le diamètre de l'œil fait le quart de la longueur de la tête, la moitié de l'espace préorbitaire.

La narine est à l'union du tiers postérieur de l'espace préorbitaire à ses deux tiers antérieurs.

Le battant operculaire est excessivement aminci, il semble formé de lamelles papyracées d'une teinte argentée fort brillante. La muqueuse tapissant la chambre branchiale est rosée.

La première dorsale est opposée aux ventrales ; elle est formée de dix rayons ; l'anale est longue, composée de vingt-deux à vingt-quatre rayons ; la caudale est échancrée ; elle a une vingtaine de rayons principaux. Les pectorales ont treize rayons ; les ventrales, huit ou neuf.

D. 10 —; A. 22 à 24 ; C. 9 ou 10/20/11 ou 12; P. 13 ; V. 8 ou 9.

La partie supérieure du corps est d'un blanc pâle piqueté de fin pointillé noirâtre. Les pièces operculaires et la paroi abdominale sont d'un blanc argenté des plus brillants ; un peu en arrière de la ceinture scapulaire commence, ainsi que l'a fort bien indiqué M. Bellotti, une série de taches qui s'étend, suivant une faible inclinaison, jusqu'à la région anale ; ces taches sont d'un noir foncé, qui ressort nettement sur le blanc argenté des flancs ; elles affectent une forme semi-lunaire, ce sont, en quelque sorte, des segments de disque appliqués sur les côtés du tronc ; parfois la tache antérieure est presque triangulaire ; généralement ces taches sont au nombre de sept de chaque côté. La crête du dos est plus ou moins noirâtre.

Habitat. Méditerranée, Nice, excessivement rare; depuis 1856, trois spécimens ont été trouvés sur la côte des Alpes-Maritimes; deux de ces Paralépis ont été donnés par M. Bellotti au Musée de Milan; le troisième appartient au Laboratoire de Nice. Le sujet dont je vais indiquer les proportions vient de Messine; M. le Dr Bellotti a eu l'amabilité de m'en faire présent.

Proportions : long. totale 0,083; tronc, haut. 0,008, épais. 0,0045.

Tête, long. 0,0205, haut. 0,007, larg. 0,005. — Œil, diam. 0,005, esp. préorbit. 0,009, esp. interorbit. 0,003. — Mâchoire supérieure, long. 0,011.

Caudale, long. 0,010; pectorale, long. 0,007; ventrale, long. 0,004. — Première dorsale, haut. 0,006, long. 0,005; adipeuse, haut. 0,0015; anale, haut. 0,003, long. 0,010.

Distance du bout du museau à : première dorsale, 0,047; adipeuse, 0,067; anale, 0,0565; pectorale, 0,023; ventrale, 0,047.

La concordance qui existe dans la formule des nageoires, dans l'ensemble des proportions chez le Paralépis élégant et chez le Paralépis corégonoïde, porte à croire qu'ils sont le premier, le jeune, le second, l'adulte d'une même espèce.

LE PARALÉPIS CORÉGONOÏDE — *PARALEPIS CORÉGONOIDES*.

T. III, p. 519.

Syn. : Corégone marénule, Coregonus marænula, Riss., *Ichth.*, p. 328.

Paralépis corégonoïde, Paralepis coregonoides, Riss., *Hist. nat.*, p. 472, fig. 15; Cuv. et Valenc., t. VII, p. 510, 512, non t. III, p. 357.

Paralepis coregonoides, CBp., *Fn. ital.*, diagnose, non descript., ni fig., *Cat.*, p. 35, n° 292; Günth., t. V, p. 418; Canestr., *Fn. ital.*, p. 127; C. Sarato, *Notes sur les poissons de Nice*, dans *Moniteur des Étrangers*, Nice, 15 mars 1887, et *loc. cit.*, Nice, 28 avril 1889.

Paralepis Cuvieri, Bellotti, *Note ittiolog.*, Paralepidini del Mediterraneo, dans *Atti Soc. Ital. sc. nat.*, seduta 29 aprile 1877, Milano, t. XX, fasc. 1, p. 2; Vinciguerra, *Appunti ittiolog.*, dans *An. Museo civ. Storia nat. Genova*, 1885, ser. 2, t. II, p. 466.

A propos du *Paralepis Cuvieri*, A. 23, M. Bellotti écrit: *Le pinne ventrali (secondo la figura di Cuvier*, Règn. anim.*, pl. 18, fig. 2), sono inseritte in correspondenza al terzo raggio della pinna dorsale;* en tout cas, l'anale n'a pas vingt-trois rayons, comme l'indique M. Bellotti, elle en a réellement trente faciles à compter. En raison du nombre des rayons de l'anale, le Paralépis, figuré dans le *Règne animal*, doit être rapporté au *P. coregonoides*, Bellotti, non Risso. — Dans son *Catalogue des Poissons d'Europe*, p. 35, n° 292, C. Bonaparte se borne à indiquer le *Paralepis coregonoides*, Riss. (*Coregonus marænula*, Riss. Ichth.), *Hist. nat.*, fig. 15; puis, chose digne de remarque et tout à fait contraire à son habitude, il ne rappelle nullement ni la description, ni la figure du *Paralepis* qu'il a étudié dans la Faune italienne, d'où il est permis de conclure qu'il rapportait ce *Paralepis* au *P. coregonoides*, CV., t. 3, p. 357.

LE PARALÉPIS PSEUDOCORÉGONOÏDE — *PARALEPIS PSEUDOCOREGONOIDES.*

Syn. : PARALEPIS PSEUDOCOREGONOIDES, C. Sarato, dans *Moniteur des Étrangers*, Nice, 15 mars 1887.

COREGONUS PARALEPIS, Riss., *Manusc.*, non *Hist. nat.*, Sarato, *loc. cit.*

Le PARALÉPIS CORÉGONOÏDE, Paralepis coregonoides, Cuv. et Valenc., t. III, p. 357, pl. 66-67 et t. VII, p. 510 : « On doit marquer comme il suit le nombre de ses rayons : Br. 7; D. 10-6; A. 3/27; C. 17; P. 13; V. 1/8. » « P. 356. Corrections et additions au chapitre XXXII » du tome III ; *Règ. an. ill.*, pl. 18, fig. 2.

PARALEPIS COREGONOIDES, CBp., *Fn. ital.* (en partie, non diagnose), fig., (C. Bonaparte l'appelle, écrit-il, *P. coregonoides*, Risso, sans tenir compte du nombre des rayons de l'anale, sinon variable, au moins très-difficile à déterminer), non *Cat.*

PARALEPIS COREGONOIDES, Bellotti (non Risso), *l'aralepidini del Mediterraneo*, dans *Atti Soc. Ital. sc. nat.*, sed. 29 apr. 1877, Milano, t. XX, fasc. 1, p. 2; Vinciguerra, *Appunti ittiolog.*, dans *An. Mus civ. Stor. nat. Genova*, 1885, ser. 2, t. II, p. 466.

C'est au *Paralepis pseudocoregonoides*, Sarato, si toutefois on l'admet comme espèce distincte, qu'il faut rapporter la figure de l'Atlas du *Règne animal*, CV., pl. 18, fig. 2, et non, comme l'écrit M. Bellotti, au *Paralepis Cuvieri*, qui n'a que 23 rayons à l'anale, tandis que le Paralépis figuré dans le *Règne animal* en compte 30 à l'anale, ainsi que nous l'avons dit ; nous le répétons afin, s'il est possible, de faire disparaître une erreur qui est cependant assez difficile à expliquer. La confusion commise par M. Bellotti vient probablement de ce qu'il a négligé de consulter un travail de C. Bonaparte, postérieur à la *Fauna italiana*, publié en 1846, le *Catal. Pesc. Europ.*, p. 35, n° 292, *Paralepis coregonoides*, Riss., *Hist. nat.*, fig. 13 ; cette citation est, il me semble, suffisante pour dissiper toute incertitude.

Dans ce paragraphe il ne sera pas question du Paralépis corégonoïde décrit par Cuvier et Valenciennes, t. VII, p. 510. — M. C. Sarato, le savant conservateur du Musée de Nice, a constaté une certaine dissemblance entre le Paralépis corégonoïde décrit et figuré par Risso dans *Histoire naturelle* et celui que son compatriote, avant la publication de cet ouvrage, avait envoyé à Cuvier sous le nom de *Corégone Paralépis*. — Croyant à l'identité spécifique de ces Paralépis, Cuvier et Valenciennes adoptèrent la nouvelle synonymie de Risso; ils décrivirent le spécimen, venant de ce naturaliste, sous le nom de Paralépis ccrégonoïde, t. III, p. 357 de leur grand ouvrage et en donnèrent la figure pl. 67 ; plus tard un autre spécimen, portant la même désignation de Paralépis corégonoïde, fut reproduit dans l'Atlas du *Règne animal*, pl. 18, fig. 2. Les deux sujets ont bien l'un et l'autre un même nombre de rayons à l'anale, une trentaine, mais ils présentent de très-notables différences dans les caractères de la dentition. D'un côté, on lit, t. III,

p. 358..., la mâchoire inférieure et les palatins... ont des dents... grandes, grêles, crochues, très-pointues, qui, dans leurs intervalles, en ont d'autres plus petites, CV. ; d'un autre côté, voici le texte explicatif de la figure représentée dans le *Règne animal*..., montrant que la mâchoire inférieure n'a pas de symphyse avancée et que les dents sont en velours ras. — Ainsi, quoi que prétendent certains naturalistes, la dentition ne donne pas des caractères spécifiques de grande valeur, et je conserve à cet égard l'opinion que j'ai exprimée il y a une dizaine d'années, V. *P. Fr.*, t. III, p. 520.

Suivant le Dr C. Sarato, il y a deux espèces de Paralépis ne différant l'une de l'autre que par le nombre des rayons composant l'anale ; à la première, qui a paru dans l'*Histoire naturelle* de Risso et dans le t. VII, p. 510, CV., il a laissé le nom spécifique de *coregonoides*, à l'autre il a donné l'épithète de *pseudocoregonoides*. C'est à ce *Paralepis pseudocoregonoides* qu'il faut rapporter les figures de l'*Histoire naturelle des Poissons*, du *Règne animal* et de la *Faune italienne*. — Nous empruntons à M. Sarato une partie de son travail pour rendre notre description plus complète.

Long. : 0,15 à 0,22.

Comme ses congénères, le Paralépis pseudocorégonoïde a le corps très-allongé ; la hauteur du tronc est contenue douze ou treize fois dans la longueur totale.

La tête est allongée ; sa longueur est comprise quatre fois et demie à cinq fois dans la longueur totale. Le museau est long et, comme le fait observer Cuvier, la mâchoire inférieure dépasse à peine l'autre ; elles sont pointues toutes les deux, et l'inférieure est un peu crochue. Le système de la dentition paraît beaucoup varier. D'après Cuvier (t. III, p. 358), il n'y a à l'intermaxillaire que des dents si petites qu'il faut une forte loupe pour les distinguer ; elles sont nombreuses et serrées comme celles d'une scie. La mâchoire inférieure et les palatins en ont au contraire de grandes, grêles, crochues, très-pointues, qui dans leurs intervalles en ont d'autres plus petites. Il n'y a point de dents au vomer et sa langue n'a que de l'âpreté (Cuv.). Le Paralépis corégonoïde, figuré dans l'atlas du *Règn an. ill.*, pl. 18, fig. 2 (anale à 30 rayons), montre qu'à la mandibule « les dents sont en velours ras ». La mandibule de notre *Paralepis pseudocoregenoides,* écrit M. Sarato, offre de chaque côté près du bord antérieur cinq à six dents serrées, un peu courbes, petites ou médiocres, puis, à 2 millimètres en arrière, une double série de dents fort inégales, les internes droites, alternativement courtes et allongées, les externes basses et recourbées, alternant avec les précédentes, les unes et les autres plus ou moins distinctes entre elles. Palatines très-inégales aussi, les antérieures 4-5, courtes ou médiocres dirigées en avant ou en bas, écartées des intermédiaires; celles-ci plus ou moins espacées, alternativement petites et grandes; les postérieures menues, serrées, obliques ou crochues en arrière. Dents de l'intermaxillaire tout à fait rudimentaires, visibles seulement à la loupe. Bords latéraux de la langue armés chacun de 5 ou 7 petits crochets. Nous relevons ces caractères sur un sujet de Nice, le seul représentant de l'espèce que nous ayons en collection et dont la taille mesure 18 centimètres (Sarato). Suivant CV., la langue n'a que de l'âpreté.

L'œil paraît un peu moins grand que chez le Paralépis corégonoïde; son diamètre, ainsi que le fait observer Cuvier, mesure à peu près le sixième de la longueur de la tête.

La ligne latérale est droite, elle va, par le tiers antérieur du corps, de l'épaule à la caudale.

Suivant Cuvier, la seconde dorsale a six rayons, et ses rayons sont beaucoup plus visibles que chez le vrai Paralépis corégonoïde, dónt la seconde dorsale n'a d'ailleurs que deux ou trois rayons et ressemble davantage à une adipeuse. L'anale se compose d'une trentaine de rayons; elle se continue jusque près de la caudale. Les ventrales sont petites; elles sont placées sous la première dorsale.

Voici la formule des nageoires indiquée dans l'*Histoire naturelle des Poissons*, t. VII, p. 510 :

D. 10 — 6; A. 3/27; C. 17; P. 13; V. 1/8.

Habitat. Méditerranée, Nice, excessivement rare.

A propos des Paralépis, M. Vinciguerra s'exprime ainsi : *1 non riesco a comprendere per quale ragione il* Moreau....., *e ciò senza sufficiente materiale.* — Au lieu de mettre tant d'ardeur à critiquer mon travail, M. Vinciguerra devrait plutôt revoir ses œuvres; il trouverait ainsi l'occasion de faire un meilleur emploi de son temps. Son imagination, par trop féconde, se plaît à créer des êtres auxquels la nature n'a jamais songé. — Assurément je ne connais pas ces Paralépis fantastiques dont parle M. Vinciguerra. Quoi! un *Paralepis Cuvieri* avec *la pinna anale inserita sotto il terzo raggio della dorsale e fornita di soli 23 raggi, mentre la vera coregonoides ha l'anale inserita sotto il settimo raggio dorsale e fornita di 30 raggi.* — Des Paralépis ayant l'anale opposée à la première dorsale!! En effet, de semblables phénomènes ne se trouvent pas dans mon matériel ichthyologique.

En vertu de quelle autorité, M. Vinciguerra affirme-t-il que la *vera coregonoides* a l'anale composée de 30 rayons? Bien qu'il prétende le contraire, et cela faute de notions scientifiques suffisantes, il est certain que le vrai *Paralepis coregonoides* est celui dont Risso a formulé ainsi la diagnose..... *pinna ani brevi, radiis viginti duobus* (Hist. nat.), et qui a été décrit ou cité sous le même nom spécifique par la plupart des ichthyologistes, par Cuvier et Valenciennes dans leur tome VII, p. 510, où ils font l'histoire de cette espèce : « Le Paralépis corégonoïde (*Paralepis coregonoides*, Risso). Nous avons à parler maintenant, disent les deux illustres naturalistes, du véritable Paralépis corégonoïde de M. Risso, dont nous devons plusieurs échantillons en bon état aux recherches faites à Nice par M. Laurillard, — A. 3/20. — Nos individus sont longs de huit à neuf pouces. » — Malgré tout le soin apporté à la rédaction de l'*Histoire naturelle des Poissons*, M. Vinciguerra ose reprocher à Cuvier d'avoir introduit la confusion dans la synonymie des Paralépis. Quelle singulière accusation! Elle prouve la négligence de M. Vinciguerra à consulter les textes originaux; il ne connaît évidemment ni l'*Histoire naturelle des Poissons* de Risso, ni celle de Cuvier et de Valenciennes, pas même le *Catalogue des Poissons d'Europe* de C. Bonaparte. Quant à ses critiques, elles n'ont rien de sérieux; il est incroyable qu'on puisse accumuler autant d'erreurs en si peu de lignes.

LE SAUMON COMMUN.

T. III, p. 525.

Certains naturalistes affirment que le Saumon commun n'a jamais pénétré dans la Méditerranée, que d'ailleurs il ne pourrait y vivre, que l'eau de cette mer est trop salée, que les eaux douces qui s'y jettent ont une température trop élevée, que la zone d'habitat est trop méridionale. — A ces assertions nous allons simplement opposer des faits.

Les côtes du Portugal sont plus au midi que nos côtes de la Méditerranée, et suivant de Brito Capello, le Saumon commun, *S. salar*, est abondant dans les provinces septentrionales de ce pays. — D'autre part, Duhamel écrit: « Pendant longtemps les Espagnols ont fait un grand commerce de Sardines avec le Portugal, où ils les échangeaient pour des Saumons. »

Quant à la présence du Saumon dans la Méditerranée, elle y a été constatée à diverses reprises. — Dans son *Histoire naturelle des Pyrénées-Orientales*, le Dr Companyo dit : « le Saumon ne vient dans notre mer que trèsaccidentellement. » Mais il y vient ; personne n'a prétendu qu'il y fût commun. — Vers 1877 ou 1878, des pêcheurs ont capturé, sur la côte de Cette, un Poisson qu'ils n'avaient jamais trouvé. Ce Poisson avait la plus grande ressemblance avec une Truite ; sans faire des suppositions pouvant égarer bien loin, il est permis de croire que cette espèce de Truite doit être un Saumon commun ou une Truite de mer, une Forelle argentée, et l'hésitation ne sera plus guère permise quand on saura que, depuis longtemps déjà, le professeur P. Gervais avait tenté d'introduire le Saumon dans l'Hérault.

Nous allons maintenant parler de faits plus précis, de faits qui ne sauraient être contestés. En 1882, les 14, 17 et 18 mai, trois Saumoneaux ont été saisis par les pêcheurs de Cette ; le premier a été capturé aux pièces, sur les rochers du Lazaret, à une certaine distance de Cette ; le second a été pêché vers l'entrée du port ; le troisième, à peu près dans le même parage ; ces deux derniers ont été pris aux palangres. Les trois Saumoneaux sont de même taille, ou bien peu s'en faut, deux mesurant 0,248, le troisième 0,243. Il est évident que ces trois jeunes Saumons, pêchés à des endroits différents et à quelques jours d'intervalle, ne doivent pas être les seuls qui aient gagné la mer. D'où viennent-ils, de l'Hérault, du Lez ? Je n'en sais absolument rien ; je ne veux risquer aucune hypothèse ; le point important à signaler est la capture de trois jeunes spécimens du *Salmo salar* dans les eaux de la Méditerranée et dans des conditions différentes. — J'ai communiqué le fait à M. Raveret-Wattel, à propos d'une note qu'il avait adressée à l'Académie des sciences : *Sur la reproduction du Saumon de Californie à l'Aquarium du Trocadéro.* Cette note a été publiée dans *C. rend. Acad. scienc.*, Paris, 1883, t. XCVI, p. 796.

Je le reconnais, les diverses tentatives faites pour introduire le Saumon commun dans la Méditerranée n'ont pas été couronnées de grands succès. Mais vraiment était-il possible de compter sur la réussite en opérant dans un champ d'expérience aussi mal choisi. Au lieu de continuer à mettre les alevins dans les rivières du Midi, les placer dans les conditions les plus défavorables, il faudrait les déposer, loin de la mer, dans les affluents du Rhône, dont les uns seront évidemment plus propices que les autres, c'est ce que l'observation démontrera. Si les barrages établis sur la Saône ne permettent pas d'y faire des essais, le cours de l'Ain présente des avantages ; du reste, quant au choix des cours d'eau, c'est à MM. les ingénieurs des ponts et chaussées à décider ; c'est à eux d'étudier la question, elle est plus de leur compétence que de celle des naturalistes.

Dans certaines eaux du Midi, notamment dans l'Aude, on a mis des alevins de *Quinnat*, le soi-disant Saumon de Californie qui n'appartient pas au genre *Salmo*, mais au genre *Oncorhynchus*. Les essais pour l'introduction des Quinnats ont mieux réussi dans cette rivière que ceux faits à diverses reprises dans la Seine qui ont échoué, ce qu'il ne faut pas trop regretter. — En effet, il est inutile et même imprudent de mettre le Quinnat dans les eaux fréquentées par notre délicieux Saumon. Aux États-Unis, on a, paraît-il, complètement abandonné la reproduction artificielle du Quinnat pour se livrer exclusivement à celle du Saumon commun, *S. salar*, qui est de qualité bien supérieure. En France, la chair du Quinnat, au moins d'après les observations faites jusqu'à présent, devient blanche, elle n'a plus la teinte rouge, comme dans le pays d'origine. — Au lieu d'introduire des espèces étrangères dans nos cours d'eau, il faut conserver celles qui s'y trouvent naturellement, surtout des espèces aussi estimées que le Saumon. — Ce qu'il faut absolument, c'est protéger le Saumon, en empêcher la destruction abominable, comme celle qui se pratique dans l'Yonne, dans la Cure. Au mépris de la loi, on prend en masse les Saumons arrêtés par les barrages établis sur le cours de l'Yonne. — On lit dans un journal du 15 octobre 1881 : «M. X., propriétaire à Cravant (Yonne), a pris dans la Cure quarante-deux Saumons d'un coup de filet» ; le mois d'octobre est le moment de la montée; que d'alevins sacrifiés! Dans cette petite rivière, de Vermenton à l'étang des Settons, on pêche au filet, à la ligne, surtout près des moulins, des myriades de *Taconnets*, jeunes Saumoneaux. — Il faut, pour que le dépeuplement n'ait pas encore eu lieu, que les Saumons entrent dans l'Yonne en nombre considérable ; au mois de novembre 1886, un pêcheur de Sens m'affirmait qu'en cette année une énorme quantité de Saumons avait remonté l'Yonne, des mille et des mille; parfois, disait-il, ces Poissons étaient par bandes nombreuses de plus de quarante.

GENRE CORÉGONE

T. III, p. 546.

LE CORÉGONE BEZOLE — *COREGONUS BEZOLA*.

Syn. : Coregonus bezola, Victor Fatio, dans *C. rend. Acad. sc.*, Paris, 1888, t. CVI, p. 1541.

M. le professeur E. Blanchard a présenté à l'Académie des sciences, dans la séance du 28 mai 1888, au nom de M Victor Fatio, une note ayant pour titre : *Sur un nouveau Corégone français* (Coregonus bezola) *du lac du Bourget*.

Il ne faut pas confondre cette Bezole avec l'espèce qu'a décrite Rondelet sous le même nom, *de Pisce Lemani lacus Bezola*, de la Bezole ; pour éviter toute ambiguïté, il eût été préférable de conserver au Corégone savoisien le nom de *Bezoule* que lui donnent les pêcheurs du pays.

La Bezoule du lac du Bourget, suivant M. Fatio, présente des formes plus ramassées et plus élevées que le Lavaret; sa tête est forte et haute, son museau gros, haut et obtus. — La dorsale est grande et ample. — Les branchiospines, plutôt courtes et plus ou moins trapues, sont au nombre de 26 à 33 sur le premier arc branchial, de 18 à 23 sur le quatrième ; chez le Lavaret, elles sont étroites, allongées, au nombre de 34 à 39 sur le premier arc branchial, de 24 à 31 sur le quatrième. — Les écailles sont minces, caduques et relativement petites chez le Lavaret; elles sont assez épaisses et solides, sensiblement plus grandes chez la Bezoule.

La Bezoule, fait observer M. Fatio, se rapproche bien plus de la Gravenche (*C. hiemalis*) que du Lavaret; elle se distingue cependant de la Gravenche par des proportions généralement moindres des nageoires paires... et par le fait qu'elle dépose ses œufs dans les profondeurs, alors que la Gravenche vient frayer au ras du bord.

Il me semble qu'au lieu d'établir un parallèle entre la Bezoule et la Gravenche, M. Fatio aurait pu choisir un autre type plus analogue, comparer la Bezoule et la Féra, par exemple. D'après cette comparaison beaucoup plus naturelle, il aurait trouvé, soit dans les formes de ces Poissons, soit dans leurs habitudes, des points de ressemblance tellement caractéristiques qu'ils suffisent pour démontrer leur communauté d'origine.

En résumé, chez la Bezoule comme chez la Féra, la nageoire dorsale est plus développée que celle du Lavaret, moins que celle de la Gravenche; les nageoires paires sont moindres que celles de la Gravenche. — La Bezoule diffère du Lavaret par la disposition de l'appareil hyoïdien; elle a seulement huit rayons branchiostèges, le Lavaret en a neuf ou dix; elle a les branchiospines moins longues et moins nombreuses (26 à 33 sur le premier arc branchial) que celles du Lavaret (34 à 39 sur le premier arc branchial, Fatio). Ces caractères fournis par l'appareil hyoïdien se retrouvent identiquement chez la Féra; je me suis assuré que chez des sujets, Bezoule ou Féra, de même taille, les branchiospines sont de même longueur.— Les écailles comptées dans une ligne longitudinale sont en nombre semblable chez la Bezoule et la Féra.

Le Lavaret et la Gravenche fraient de la fin de novembre au commencement de décembre, et déposent leurs œufs, sous peu d'eau, près du rivage, sur un fond de gravier. La Féra et la Bézoule déposent leurs œufs dans les bas fonds; la Féra, ainsi que le dit exactement Jurine, commence à frayer vers le 12 février, dans le lac de Genève; la Bezoule, écrit M. Fatio, fraye selon quelques-uns en janvier et février; généralement, paraît-il, un peu après le Lavaret, en décembre jusque dans les premiers jours de janvier. — Du 10 au 15 mai la Féra paraît en Beine; d'après Jurine, c'est généralement dans la seconde quinzaine de mai que la Bezoule est pêchée dans le lac du Bourget.

D'après ce qui précède, la Bezoule n'a pas d'affinités bien marquées avec le Lavaret et ne peut assurément être regardée comme provenant du même type; elle doit, selon nous, être considérée comme une Féra ou une variété de la Féra, au moins jusqu'à ce que M. Fatio ait indiqué, s'ils existent, les caractères nettement distinctifs de chacun de ces Corégones, et dans ce cas nous sommes disposé à nous ranger à son opinion.

Rondelet ne parle pas de la Bezoule du lac du Bourget; de son temps, sans doute, elle ne vivait pas dans les eaux de ce lac. Comment s'y trouve-t-elle aujourd'hui? Y a-t-elle été apportée par l'homme? Y est-t-elle venue par le Rhône et le canal de Savières? C'est une question difficile à résoudre.

Parmi les Salmonidés du lac de Genève, Rondelet cite la Ferra ou Pala et la Bezole : « au lac de Lozane seulement la Bezole se trouve, non pas fort dissemblable au Lavaret. » Rondelet, *Poissons des Lacs*, p. 119. — Cette Bezole serait-elle la Gravenche?

M. Fatio dit à propos du Lavaret : il a été transporté avec succès, paraît-il, il y a une dizaine d'années, dans le petit lac d'Aiguebelette, non loin d'Aix, à 380 mètres d'altitude. — Il n'y a rien d'étonnant que le Lavaret puisse aujourd'hui vivre dans ce lac, puisqu'il y vivait bien du temps de Rondelet. Notre ingénieux ichthyologiste, faisant l'histoire du Lavaret, s'exprime ainsi : « on le trouve seulement aux lacs de Savoie, comme au lac du Bourget et d'Aiguebelette et ne se trouve point ailleurs. » Rondel., *loc. cit.*, p. 119. — En effet, il y a une douzaine d'années, M. le comte de Chambost, propriétaire du lac d'Aiguebelette, y a fait transporter, avec succès, tout à la fois des Lavarets vivants, ainsi que des œufs fécondés venant du lac du Bourget. — Le lac d'Aiguebelette est dans un site ravissant, à une vingtaine de kilomètres de Chambéry, sur la ligne du chemin de fer de Chambéry à Lyon.

GENRE MICROSTOME.

T. III, p. 557. Modifier.

Nageoires; première dorsale commençant tantôt en avant, tantôt en arrière de l'insertion des ventrales.

Première dorsale commençant
- après les ventrales..... 1. M. ARRONDI.
- avant les ventrales..... 2. M. OUBLIÉ.

LE MICROSTOME OUBLIÉ — *MICROSTOMA OBLITUM*, Facc.

Syn. : SERPE PETITE BOUCHE, Gasteropelecus microstoma, Riss., *Ichth.*, p. 356, en part.

MICROSTOMA ROTUNDATA, Microstome arrondi, Riss.. *Hist. nat.*, p. 475, descript. inexacte, fig. 36.

MICROSTOMA OBLITUM, D' L. Facciolà, *Sull' esistenza di due forme diverse di Microstoma nel mar di Messina*, Messina, 1887; Cr. Bellotti, dans *Note ittiologiche*, estrat. *Atti Societ. Ital. scienze natur.*, Milan., 1888, t. XXXI, p. 12, pl. 4, fig. 3, 3A.

MICROSTOMA RISSOANUM, C. Sarato, les deux Microstomes de Risso, dans *Notes sur les Poissons de Nice*, Nice, 14 novembre 1887 et 20 décembre 1887.

Risso a certainement vu les deux espèces du genre Microstome ; il est évident que les caractères indiqués dans son *Ichthyologie*, p. 356, conviennent aussi bien à la *Serpe petite bouche* qu'au *Microstoma oblitum* : dents de dessus placées sur un rebord dans l'intérieur de la bouche et semblables à des dents canines. La langue est libre, épaisse et lisse. La ligne latérale est courbe. — La première dorsale située au milieu du dos. — Par une singulière bizarrerie, Risso, dans son *Histoire naturelle*, donne sous un même nom, la description du Microstome arrondi et la figure de la Serpe microstome ; dans les diagnoses, il dit, *pinna dorsali prima, paulo retro ventralium locata*, caractère du Microstome arrondi ; dans la figure 36, il place la première, dorsale en avant des ventrales, caractère du Microstome oublié ; en dernier lieu, à propos du Microstome arrondi, Risso écrit : la ligne latérale est droite ; ce qui est exact, mais en contradiction avec ce qu'il avait indiqué chez la Serpe microstome.

Long. : 0,12 à 0,20.

Bien distinct quant à l'aspect général de l'autre espèce, le Microstome oublié a le corps visiblement comprimé, cunéiforme, allant diminuant par degré de hauteur et d'épaisseur à partir de la ceinture scapulaire jusqu'à la base de la caudale. Vers les pectorales, la hauteur, qui l'emporte d'un tiers sur l'épaisseur, est, chez l'animal adulte, comprise neuf fois et demie à dix fois dans la longueur totale ; elle diminue d'un tiers sur le tronçon de la queue, et l'épaisseur s'amoindrit dans la même proportion. Chez le jeune, les formes sont plus ramassées, la hauteur du tronc est contenue sept fois et demie à huit fois dans la longueur totale. La peau est couverte de larges écailles molles, enduites d'un pigment argenté. Suivant le D⁣ʳ Facciolà, le nombre des vertèbres est de 43 à 45 ; il y en a 45 à 47 dans le Microstome arrondi.

La tête est forte, large en dessus ; sa longueur, qui fait le double environ de sa hauteur, est comprise quatre fois et demie à cinq fois et quart dans la longueur totale ; le museau est raccourci ; la mâchoire supérieure est un peu moins avancée que la mandibule. La bouche est petite ; à première vue, les mâchoires semblent garnies de dents en haut comme en bas ; mais quand on regarde avec attention, on constate qu'il n'y pas trace de la moindre dent ni sur l'intermaxillaire, ni sur le maxillaire supérieur. L'intermaxillaire est très-mince, comme papyracé ; il est en partie caché par le maxillaire supérieur. Ce dernier forme un S allongé, élargi en arrière ; son bord postérieur, qui est convexe, n'atteint pas à l'aplomb du diamètre vertical de l'œil. En avant se dessine une arcade qui semble recouverte, à sa partie supérieure, par une lamelle mince, extrémité du frontal antérieur ou de l'ethmoïde latéral ; cette arcade est évidemment constituée par le chevron du vomer et peut-être aussi latéralement par une partie de l'appareil ptérygo-palatin, car elle présente un développement relativement étendu ; le pourtour de l'arcade dentaire supérieure, chez le sujet que nous étudions, mesure 8 millimètres. Les dents sont fort rapprochées, serrées les unes contre les autres ; elles sont égales, étroites, fort pointues, légèrement crochues. Les dents de la mâchoire inférieure présentent les mêmes dispositions, les mêmes formes, elles paraissent toutefois un peu plus longues. Chez les sujets adultes, la muqueuse tapissant les parois de la bouche et celles de la chambre branchiale est d'un noir bleuâtre, tandis que chez les jeunes elle est d'une teinte rosée, parfois même cette teinte est assez pâle.

L'œil est fort développé ; son diamètre horizontal mesure le tiers au moins de la longueur de la tête, il fait le double de l'espace préorbitaire, il est à peu près égal à l'espace interorbitaire. L'iris est d'un blanc argenté. L'œil est protégé par une orbite à contour saillant, très-développé surtout dans la région supérieure ; du bord antérieur et supérieur se détache une pointe aplatie, qui s'avance fort près de l'orifice postérieur de la narine. L'espace interorbitaire est large ; il est déprimé dans sa partie médiane, de chaque côté de laquelle se montre une série de petits osselets recouvrant une partie du système caniculé latéral.

Les orifices des narines sont assez rapprochés l'un de l'autre ; ils peuvent être facilement confondus avec les pores du système caniculé latéral.

Comme dans l'autre espèce, la fente des ouïes est fort longue, elle s'étend de l'aplomb du bord antérieur de l'orbite jusque vers le haut de la ceinture scapulaire. Les pièces operculaires sont excessivement délicates, très-minces ; elles forment en arrière une échancrure vers la base de la pectorale. Les rayons branchiostèges semblent au nombre de quatre.

Il n'y a plus trace de ligne latérale chez le sujet que j'étudie.

Dans le Microstome oublié, la première dorsale est beaucoup plus avancée que chez le Microstome arrondi ; elle commence sur la première moitié de la longueur totale, plus en avant que la base des ventrales ; elle est soutenue par dix à douze rayons. La seconde dorsale est très-apparente, relativement développée ; elle répond à peu près au milieu de la base de l'anale. L'anale est fort reculée ; elle compte dix à douze rayons ; sa base est aussi longue que celle de la première nageoire du dos. La caudale est échancrée ou plutôt fourchue ; elle est soutenue par une vingtaine de rayons, outre les petits qui en bordent la base en dessus comme en dessous. Le tronçon de la queue est de forme quadrilatérale ; il a environ deux fois plus de longueur que de hauteur. Les pectorales sont plus longues que les ventrales, au moins chez les jeunes animaux. L'insertion des ventrales est vers le milieu de la longueur totale.

Br. 4. — D. 10 à 12 — 0 ; A, 10 à 12 ; C. 7/20 ou 21/7 à 9 ; P. 10 à 12 ; V. 12 ou 13.

La teinte est un blanc argenté fort brillant. — D'après le Dr Facciolà, il y a dix appendices pyloriques.

Habitat. Méditerranée, Nice accidentellement ; un spécimen de grande taille, dont je vais indiquer les proportions, a été trouvé sur la plage de Nice, en novembre 1887 ; il m'a été envoyé en communication par MM. Gal frères, que je remercie de leur extrême obligeance ; c'est le même sujet qui a été décrit par M. Sarato sous le nom de *Microstoma Rissoanum ;* il avait perdu ses écailles.

Proportions : long. totale 0,178 ; tronc, haut. 0,018, épais. 0,012.

Tête, long. 0,035, haut. 0,019, épais. 0,014. — OEil, diam. 0,013, esp. préorbit. 0,007, esp. interorbit. 0,013. — Mâchoire supérieure, long. 0,012.

Caudale (rayons brisés à leur extrémité), long. 0,020 ; pectorale (pointe des rayons cassée), long. 0,009 ; ventrale, long. 0,012. — Première dorsale (brisée en partie), haut. 0,010, long. 0,011 ; seconde dorsale, haut. 0,006 ; anale (détériorée), haut. 0,0068, long. 0,011.

Distance du bout du museau à : première dorsale 0,080, seconde dorsale 0,132 ; anale 0,127 ; pectorale 0,036 ; ventrale 0,090.

MM. les docteurs Cr. Bellotti, L. Facciolà et C. Sarato ont eu l'amabilité de m'adresser les intéressants travaux qu'ils ont publiés sur cette espèce des plus curieuses ; je prie mes savants confrères de vouloir bien recevoir mes remerciements et mes félicitations les plus sincères.

ADDITIONS

GENRE CENTROPHORE.

T. I, p. 351.

LE CENTROPHORE CALCÉIFORME — *CENTROPHORUS CALCEUS*.

Syn. : Acanthidium calceus, Lowe, dans *Proc. Zool. Soc. London*, 1839, p. 92.
Centrophorus calceus, Lowe, dans *Proc. Zool. Soc. London*, 1843, p. 93 ; Günth.,
t. VIII, p. 423 ; Vaill., *Exp. sc. Travail. et Talisman*, p. 71, pl. 3, fig. 1, anim.,
1ᵃ,1ᵇ tête, 1ᶜ,1ᵈ dents.
Centrophorus crepidalbus,|Boc. et Brit. Capel., *Peix. plagiost.*, p. 28, pl. 2, fig. 1 ;
Brit. Capel., *Cat. Peix. Port.*, extr. *Jorn. Sc. Lisboa*, 1869, nº 6, p. 14 ; Brit. Capel.,
Cat. Peix. Port., Lisb., 1880, p. 48.

Long. : 0,60 à 1,06, Vaill.

Ainsi que le fait observer le professeur Vaillant, la forme particulière du museau, élargi en spatule, donne à ce Centrophore un faciès tout à fait caractéristique, qui permet de le reconnaître au premier coup d'œil. En effet, le museau est très-allongé, mince, aplati, en forme de spatule, ou pour employer une comparaison plus vulgaire, en forme de sandale, de semelle, d'où les noms spécifiques donnés à ce Squale par Lowe et par Barboza du Bocage et de Brito Capello.

L'œil est beaucoup plus éloigné du bout du museau que de la première fente branchiale.

L'aiguillon de la seconde dorsale est plus développé que celui de la première. La pectorale est coupée à peu près carrément avec les angles arrondis, bien différente de celle du Centrophore granuleux dont l'angle postérieur et supérieur s'allonge en pointe.

La teinte générale est sur le frais, suivant les auteurs, d'un gris cendré ou d'un gris bleuâtre ; elle m'a paru d'un gris légèrement rosé, d'après l'aquarelle de Mme la comtesse de Nadaillac.

Habitat. Golfe de Gascogne, Biarritz ; le seul document positif que nous ayons relativement à la présence de ce curieux animal sur nos côtes, nous vient de Mme de Nadaillac, qui a peint un certain nombre de Poissons capturés dans les parages de Biarritz. — Parmi les aquarelles fort remarquables laissées par feu Mme la comtesse de Nadaillac et données par sa mère, Mme Gabriel Delessert, au Muséum d'Histoire naturelle, se trouve une excellente figure de *Centrophorus calceus,* exécutée en 1876, pl. 18 de cette très-intéressante collection.

La Commission scientifique du *Travailleur,* écrit le distingué professeur du Muséum, a rapporté de Sétubal deux exemplaires ne mesurant pas plus de 1^m,03 à 1^m,06 ; ce sont deux femelles adultes ; dans les oviductes de l'une d'elles étaient cinq petits longs de 200 millimètres, et ayant la vésicule ombilicale en partie résorbée. — Un individu plus petit, long de 540 millimètres, a été ramené dans le dragage XCV du *Talisman,* par 1230 mètres, devant le banc d'Arguin.

GENRE CALLIONYME.

T. II, p. 163.

LE CALLIONYME PHAËTON — *CALLIONYMUS PHAETON.*

Syn. : CALLIONYMUS FESTIVUS, CBp. (non Pallas), *Fn. ital.,* fig. mas. et fœm.; Canestr., *Fn. ital.,* p. 178.

CALLIONYMUS MORISSONII, CBp. (non Riss.), *Cat.,* p. 70, n° 652.

CALLIONYMUS PHAETON, Günth., t. III, p. 147 ; Giglioli, *Cat. Pesc. ital.,* p. 90, n° 184 ; Vaill., *Exp. sc. Travail. et Talisman,* p. 349.

Long. : 0,050 à 0,181, C. Sarato.

Le Callionyme phaëton se distingue très-facilement de ses congénères par la disposition du prolongement de son préopercule qui, au lieu d'être armé de quatre épines, en porte seulement trois ; deux de ces épines sont dirigées en haut ; cette particularité anatomique est fort bien indiquée dans la figure (♂) de la Faune italienne. — Le mâle diffère de la femelle par le développement des rayons médians de la caudale et du dernier rayon de la seconde dorsale ; c'est probablement l'allongement du dernier rayon de la seconde dorsale qui a fait supposer à C. Bonaparte que ce Callionyme est le *C. Morissonii* de Risso. — Cependant Risso avait fait observer que la nageoire caudale de son *C. Morissonii* n'est jamais terminée par aucune membrane déliée en soie. — Ainsi que nous l'avons établi, t. II, p. 176, le *C. Morissonii,* Riss., est identique au *C. belenus.*

D. 4—8 ou 9 ; A. 8 ; C. 10 ; P. 16 à 20.

134   DENTÉ DU MAROC.

Habitat. Marseille, accidentellement. — Au mois de mars 1890, le D^r
C. Sarato avait l'amabilité de me faire savoir qu'un beau spécimen de
C. phaeton ♂, trouvé sur le marché de Marseille, avait été acquis par le
Muséum de Nice ; en même temps il prenait la peine de m'indiquer les pro-
portions du sujet ; je vais les rappeler.

Proportions : long. totale 0,181 ; tronc, haut. 0,014, épais. 0,012.

Tête, long. 0,042, haut. 0,017, larg. 0,020. — Œil, diam. 0,015, esp.
préorbit. 0,011.

Caudale, long. 0,055, les 6e et 7e rayons dépassant le 5e de 0,012 ; pectorale, long. 0,030 ; ventrale, long. 0,032. — Première dorsale, haut. 1er rayon
0,025 ; seconde dorsale, haut. 1er rayon 0,022, dernier rayon 0,032. Anale,
dernier rayon, long. 0,030, dépassant la base de la caudale.

Je mets souvent à contribution l'obligeance de M. C. Sarato ; je prie mon
excellent confrère de recevoir mes sincères remerciements.

Ce beau Callionyme a-t-il été pêché sur la côte de Marseille? C'est possible ; mais rien ne permet de l'affirmer. — C'est le plus grand spécimen
connu. D'après C. Bonaparte, son *C. festivus* ♂ arrive à une taille de cinq
pouces et demi. — Dans les *Expéditions scientifiques du Travailleur et du
Talisman*, le professeur Vaillant signale la capture de trois spécimens, aux
Açores, par une profondeur de 560 mètres ; le plus grand des individus mesure environ 0,060 ; v. *loc. cit.*, p. 340.

GENRE DENTÉ.

T. III, p. 56.

LE DENTÉ DU MAROC — *DENTEX MAROCCANUS*.

Syn. : Le Denté du maroc, Dentex Maroccanus, Cuv. et Valenc., t. VI, p. 234.
Dentex maroccanus, Steindachn., *Ichthyol. Ber. Span. Portug. Reise*, IV, V.
Forts., p. 26, pl. 4, fig. 1, dans *Sitzb. d. k. Akad. Wissench.*, Wien, 1867.

Long. : 0,20 à 0,30.

Le Denté du Maroc ressemble beaucoup au Denté aux gros yeux, mais il
en diffère par certains caractères qui le distinguent nettement de son congé-
nère. Ainsi que le fait remarquer Valenciennes, il a l'œil plus petit que celui
du Macrophthalme, ce qui a laissé plus de place pour le sous-orbitaire que
dans le Macrophthalme. Cette observation est parfaitement juste. Chez le
Denté du Maroc, le diamètre de l'œil est à peine aussi grand que l'espace
préorbitaire ; le sous-orbitaire a le bord inférieur presque droit ou légèrement convexe ; sa hauteur fait la moitié de sa longueur et plus de la moitié
du diamètre de l'œil. — Il y a sur la joue cinq ou six rangées d'écailles. —
Les écailles ont les spinules plus nombreuses et plus aiguës que celles du
Denté aux gros yeux ; de plus la paroi interne du canal des écailles de la
ligne latérale est à peu près rectiligne en avant, tandis qu'elle est échancrée

chez le Denté macrophthalme. — Éc., l. long. 54 à 56 ; l. transv. $\frac{4}{14 \text{ ou } 15} + 1$ = 19 ou 20.

Habitat. Ce Denté a été trouvé sur le marché de Marseille.

Proportions : long. totale, 0,205 ; tronc., haut. 0,066, épais. 0,030.

Tête, long. 0,060 ; haut. 0,064. — Œil, diam. 0,020, esp. préorbit. 0,020, esp. interorbit. 0,015 ; sous-orbitaire, long. 0,022, haut. 0,011.

Au mois de décembre 1889, j'ai reçu du professeur Marion, sous le nom de *Bel-Œil*, un Poisson acheté sur le marché de Marseille. J'ai été fort surpris de reconnaître dans ce *Bel-Œil* une espèce excessivement rare, qui n'avait jamais été signalée, je pense, sur les côtes d'Europe par aucun ichthyologiste, sauf M. Steindachner ; c'est le Denté du Maroc, *Dentex Maroccanus* de Valenciennes. — Je me suis empressé d'avertir M. Marion de ce fait extraordinaire, lui demandant si réellement ce Denté avait été péché dans le golfe de Marseille, ou s'il avait été envoyé du dehors. — M. Marion eut l'obligeance de se livrer à une sorte d'enquête et finit par apprendre de la marchande, ayant vendu le sujet au matelot du Laboratoire d'Endoume, que ce Denté se trouvait dans une cargaison expédiée d'Alger pour l'approvisionnement de Marseille. — Ce Poisson ne doit être pris que fort accidentellement en Algérie ; Guichenot n'en fait aucune mention ; il n'est guère présumable qu'il l'ait confondu avec le Denté aux gros yeux ; le Dr Bourjot ne le cite pas non plus dans sa liste des Poissons du marché d'Alger. — Excepté le spécimen acheté à Marseille, les autres sont de l'Atlantique ou du détroit de Gibraltar ; le premier, celui qui a été déterminé par Valenciennes, a été péché sur la côte du Maroc ; les autres ont été découverts par M. Steindachner à Cadix et à Gibraltar (quatre spécimens en janvier et en février 1865). — Il est fort possible qu'un jour ou l'autre ce Denté soit capturé sur nos côtes. — Le spécimen trouvé à Marseille va très-heureusement remplir une lacune dans la collection du Muséum d'Histoire naturelle, où manquait jusqu'ici un représentant de l'espèce décrite par Valenciennes.

GENRE MOTELLE.

T. III, p. 267.

ONUS BISCAYENSIS.

Syn. : ONUS BISCAYENSIS, n. sp., R. Collett, *Diagnoses de Poissons nouveaux, provenant des campagnes de l'Hirondelle*, dans *Bull. Soc. Zool. de France*, Paris, 1890, t. XV, p. 107.

Long. : 0,135.

L'*Onus biscayensis* est-il réellement une espèce nouvelle, ainsi que le suppose M. R. Collett ? N'ayant pas sous les yeux les spécimens décrits par cet ichthyologiste, je ne veux élever aucune discussion. Je ne puis cependant m'empêcher de faire une remarque ; les proportions indiquées par M. Collett concordent, excepté quant au diamètre de l'œil, si bien avec

celles que j'ai relevées sur un sujet de même taille (0,135), venant de Port-
Vendres, que je suis disposé à rapporter tous ces jeunes individus à une
variété de *Motella fusca*. — La formule des nageoires est la même, sauf
une différence insignifiante, et dont vraiment il serait puéril de tenir
compte, dans le nombre des rayons de la seconde dorsale, j'ai trouvé
52 ou 53 rayons; dans l'*Onus biscayensis*, il y en a 54. Maintenant quel est
exactement le système de coloration de l'*Onus biscayensis?* M. Collett
écrit (*loc. cit.*), p. 107 : couleur uniforme brunâtre, clair; deuxième dorsale et caudale marquées de bandes brunes, et p. 108 : la coloration
de *O. biscayensis* est rouge jaunâtre, avec quelques bandes transversales
foncées assez bien marquées sur la dorsale et l'anale. — Le sujet de
Port-Vendres, distingué sous le nom de *Furet* par les pêcheurs du pays, est
d'une teinte brun roussâtre, avec les nageoires impaires, sauf la première
dorsale, bordées de brun.

Habitat. L'un des sujets décrits par M. Collett a été pêché, dans le golfe
de Gascogne, par une profondeur de 155 mètres.

Du nom spécifique *Onos* qui se trouve dans Willoughby, Risso a fait un
nom de genre. Pourquoi M. Collett l'a-t-il métamorphosé en *Onus?* Onos a
un sens déterminé; *Onos sive Asinus*, Willoughby; *Onos Græcis est, qui
Asellus Latinis*, Gesner; c'est le nom d'un Gade; le mot latin *Onus* n'en est
pas la traduction, il n'a aucune application ichthyologique; c'est un
embarras dans la synonymie. — Dans son Histoire naturelle des Poissons
d'Algérie, Guichenot a conservé le nom générique *Onos*, Riss., et il a eu
parfaitement raison. On n'a pas le droit de changer l'orthographe d'un nom
et de l'attribuer, ainsi modifié, à un auteur qui probablement n'aurait pas
voulu accepter la responsabilité d'une transformation défectueuse.

A propos de son *Onus guttatus*, M. Collett écrit, *loc. cit.*, p. 106 : Parmi
toutes les Motelles tricirrhées, *O. guttatus* se rapproche surtout de *O. mediterraneus* (Lin.)... Les deux espèces de Motelles tricirrhées, qui se trouvent
dans la Méditerraaée, ont souvent été confondues et leur synonymie est
assez complexe. Le véritable *O. mediterraneus* (Lin.) se distingue de *O. vulgaris* (Yarr.)... par le nombre moins grand des rayons des nageoires... La
synonymie des deux espèces peut être établie ainsi : 1. *O. mediterraneus*
(Lin.), 1766; *Gadus mediterraneus*, Linné; *Gadus tricirratus*, Brünnich;
? *Onos maculata*, Risso; *Motella maculata*, Moreau... *Localité :* Méditerranée...
2. *O. vulgaris* (Yarr.) 1836... *Motella tricirrata*, Nilsson ; *Motella vulgaris*,
Yarrell; *Motella vulgaris*, Günther... *Localité :* Méditerranée; Europe occidentale. — Il n'est guère possible de partager l'opinion de M. Collett ; d'abord
il n'y a pas seulement deux Motelles tricirrhées dans la Méditerranée, il y
en a réellement trois; ainsi que je l'ai rappelé, *O. biscayensis*, Collett, ressemble à *O. fusca*, Risso; je sais parfaitement que divers auteurs regardent
l'*O. fusca* comme étant le mâle de l'*O. maculata*, mais Risso écrit à propos
de l'*O. fusca* : la femelle fraye au printemps. Maintenant quel est le *G. mediterraneus* de Linné, ce *G. monopterygius?* Admettons que ce soit une Motelle,
Onos? Mais, dans la Méditerranée, il y en a trois espèces : deux qui parais-

sent s'ÿ tenir plus particulièrement, ou du moins qui ne remontent pas au
nord, dans l'océan Atlantique, au delà du 45° degré de latitude; la troisième
a un habitat beaucoup plus vaste, s'étendant du fond de la mer Noire
jusque sur les côtes de la Norvège; à laquelle de ces espèces rapporter le
G. *mediterraneus* de Linné? M. Collett, à propos de l'*O. mediterraneus*, indique : *Localité :* Méditerranée, tandis que Linné écrit : *habitat in Oceano
Europæo;* il faut cependant tenir compte des textes et par suite il faut
encore supposer que l'espèce de Linné est l'espèce la plus commune, celle
qui se trouve tout à la fois dans la Méditerranée et sur les côtes de l'Europe
occidentale. A l'appui de cette manière de voir, je vais citer la note de
Brünnich, *Ichth. Massil.*, p. 23 : *Gadus mediterraneus* Systematis Linneani
describitur monopterygius... Valde communis est hic piscis in Oceano circa
Cornubiam Angliæ, ibique pluries occurrit, quam in *Mediterraneo* et **Adria-**
tico mari, ubi nec infrequens; ideoque forte melius *Tricirratus* dicendus
erit. — Du reste l'équivoque est impossible, les ichthyologistes anglais
n'ont jamais signalé la présence de l'*Onos maculata* sur les côtes de leur
pays. — De cette discussion se dégage un fait très-net, c'est que Linné et
Brünnich n'ont vu dans ces diverses Motelles qu'une seule espèce ou les ont
rapportées au type le plus commun; et quoi d'étonnant, puisque M. Steindachner encore aujourd'hui ne reconnait qu'une seule espèce, la *Motella
vulgaris* spec. Rondel.; en tout cas le *Gadus tricirratus* de Brünnich ne re-
présente pas uniquement l'*O. maculata* de Risso.

NOTES

Cᴀʀᴄʜᴀʀᴏᴅᴏɴᴛᴇ ʟᴀᴍɪᴇ, t. I, p. 302. — Pêché sur la côte de la Charente-Inférieure, mars 1880.

Lᴀɪᴍᴀʀɢᴜᴇ ᴀ ᴄᴏᴜʀᴛᴇꜱ ɴᴀɢᴇᴏɪʀᴇꜱ, t. I, p. 361. — Spécimen ♀ de grande taille, 3,12 de longueur, échoué sur la plage de Mers (baie de la Somme), à la fin de juin 1885. — Le sujet a été monté, d'une façon très-remarquable, par M. Thominot, préparateur du Laboratoire d'Ichthyologie; il appartient au Musée d'Abbeville.

Mᴀʟᴀʀᴍᴀᴛ, t. II, p. 261. — Deux spécimens pris au large d'Arcachon, 1881, 1886.

Aꜱᴘɪᴅᴏᴘʜᴏʀᴇ ᴀʀᴍᴇ́, t. II, p. 306. — Est commun au Havre; il se trouve dans les fonds de chaluts. M. Lennier, en 1882, a eu l'obligeance de m'en faire apporter une grande quantité au Musée du Havre, pour servir à des recherches.

Sᴇ́ʙᴀꜱᴛᴇ ᴅᴀᴄᴛʏʟᴏᴘᴛᴇ̀ʀᴇ, t. II, p. 317. — En janvier 1889, il en a été apporté sur le marché de Paris de nombreux spécimens venant de la Rochelle.

Lɪᴘᴀʀɪꜱ ᴄᴏᴍᴍᴜɴ, t. III, p. 353. — N'est pas absolument rare dans l'estuaire de la Seine, entre Honfleur et Trouville.

Tʜᴏɴɪɴᴇ, t. II, p. 481. — Un sujet, pêché à Concarneau, a été envoyé au Muséum de Paris et déterminé par le professeur Vaillant. — C'est, je crois, jusqu'à présent le seul individu qui ait été signalé sur nos côtes de 'Ouest.

Nᴏᴛᴀᴄᴀɴᴛʜᴇ, t. III, p. 158. — Notacanthus, *sp. nov.* Vérany, *Zool. Alp.-Marit.*, p. 45, *N. Edwardsianus;* ce Notacanthe, pêché à Nice en 1862 et donné à Vérany par MM. Gal frères, a été cédé au Muséum de Paris, en 1871; c'est un *N. mediterraneus.*

Mᴀᴄʀᴏᴜʀᴇ ᴛʀᴀᴄʜʏʀʜʏɴǫᴜᴇ, t. III, p. 281. — Un spécimen a été pêché à Biarritz, en 1882.

Mᴀᴄʀᴏᴜʀᴇ ꜱᴄʟᴇ́ʀᴏʀʜʏɴǫᴜᴇ, t. III, p. 629. — M. Sarato a vu, dans l'Album de Risso, une figure de *M. sclerorhynchus* désignée par Risso sous le nom de *Lepidoleprus Giorna.* — Un second spécimen de *M. sclerorhynchus* a été trouvé à Nice par MM. Gal frères, il y a quelques années.

Mᴀʟᴀᴄᴏᴄᴇ́ᴘʜᴀʟᴇ ʟɪꜱꜱᴇ, *Malacocephalus lævis,* t. III, p. 284, fig. 183. — C'est l'*Hymenocephalus italicus,* d'après M. Giglioli; voir dans *Pelagos,* Genova, 1884, p. 228, fig. *Hymenocephalus italicus,* Gigl. (grand nat.). — A propos de la figure publiée par M. Giglioli, plusieurs naturalistes m'ont fait remarquer la singulière ressemblance qu'elle présente avec celle que j'ai donnée du *M. lævis ;* ils prétendent que l'une des figures est la copie de l'autre ; en effet les deux gravures superposées et regardées par transparence se confondent en une seule image. — Dans une question aussi délicate, je ne crois pas devoir exprimer une opinion personnelle ; le motif de ma réserve est facile à comprendre ; je ne puis cependant m'empêcher de rappeler une particularité fort curieuse ; l'artiste chargé d'exécuter la figure du *M. lævis,* a commis une erreur : il a reporté l'origine de la seconde dorsale beaucoup trop en arrière ; rien de plus aisé que de s'en rendre compte ; en comparant la distance qui est indiquée au tableau des proportions relevées par moi, et celle qui existe sur le dessin entre le bout du museau et le commencement de la seconde dorsale, on constate qu'il y a plus d'un centimètre d'écart. La même erreur se retrouve dans la figure de l'*Hymenocephalus italicus,* Gigl. ; je n'ai pas à en chercher la cause ; M. Giglioli en fournira l'explication, s'il le juge nécessaire. — Pour terminer, je dirai que la figure du *Malacocephalus lævis* a été dessinée (gr. nat.), en 1875, d'après l'unique spécimen existant alors dans la collection du Muséum.

Poissons pêchés à Cette et dont l'habitat n'a pas encore été sûrement indiqué.

BLENNIE TRIGLOÏDE, t. I, p. 142.

CALLIONYME BELÈNE, t. I, p. 175. — Plusieurs spécimens, 1881, 1882.

ECHÉNÉIS RÉMORA, t. II, p. 535, 1882.

DENTÉ MACROPHTHALME, t. III, p. 59. — Un sujet.

MERLAN COMMUN, t. III, p. 239, 1882. — C'est probablement l'unique spécimen signalé sur nos côtes de la Méditerranée.

ORPHIE IMPÉRIALE, t. III, p. 473. — Deux spécimens pêchés en juillet 1887 ; le plus grand sujet, pesant 1ᵏ,000, mesurait : long. totale 0,980 ; circonférence 0,170. = Tête, long. 0,240, haut. 0,035. — Œil, diam. 0,024 ; espace préorbit., mâch. supér. 0,183, mandibule 0,187 ; esp. interorbit. 0,031.

SPHAGEBRANCHE IMBERBE, t. III, p. 586. — Deux exemplaires, 1883, 1885.

—   AVEUGLE, t. III, p. 588. — 1889.

BIBLIOGRAPHIE

Brito Capello, F. de : Catalogo dos Peixes de Portugal, Memoria apresentada a Academia Real das Sciencias de Lisboa, Lisboa, 1880.

Day, Francis : Fishes of Great Britain and Ireland, London, 1880-1884.

Dekay : New York Faun., Fishes, New York, 1842.

Doderlein, P. : Manuale ittiologico del Mediterraneo, Elasmobranchii, Palermo, 1881.

Eichwald, Ed. : Fauna Caspio-Caucasica, Petropoli, 1841.

Giglioli, E.-H. : Elenco dei Mammiferi, degli Uccelli e dei Rettili ittiofagi od interessanti per la Pesca, appartenenti alla Fauna italiana, e Catalogo degli Anfibi e dei Pesci italiani, Firenze, 1880.

Günther, Dr Albert : Introduction to the Study of Fishes, Edinburgh, 1880.

— Voyage of H. M. S. Challenger. Zoology, vol. I. Report on the Shore Fishes procured during the voyage of H. M. S. Challenger in the years 1873-1876, London, 1880. — Zoology, vol. XXII, Report on the Deep-Sea Fishes..... London, 1887.

Marion, A.-F. : Travaux de Zoologie appliquée. Station zoologique d'Endoume, Marseille, 1890.

Perugia, Alb. : Elenco dei Pesci dell' Adriatico, Milano, 1881.

Steindachner, Dr Franz : Ichthyologischer Bericht über eine nach Spanien und Portugal unternommene Reise (voir) : Sitzungsberichte der Kaiserlichen Akademie der Wissenschaften, Mathematisch-Naturwissenschaftliche Classe, Wien, 1865-1883.

Vaillant, Léon : Expéditions scientifiques du *Travailleur* et du *Talisman* pendant les années 1880, 1881, 1882, 1883. — Poissons, Paris, 1888.

Vérany, J.-B. : Zoologie des Alpes-Maritimes ou Catalogue des animaux observés dans le département (extrait de la *Statistique générale* du département. — S. Roux), Nice, 1862.

Vinciguerra, D. : Risultati ittiologici delle crociere del Violante, Genova, 1883.

TABLE DES NOMS DES POISSONS

CITÉS DANS LE SUPPLÉMENT

FIN DE LA TABLE DES NOMS DES POISSONS DU SUPPLÉMENT.

5750-90. — CORBEIL. Imprimerie CRÉTÉ.

9 782019 969523